自学习型
粒子群优化算法：
原理及其应用

杨震伦　著

广东高等教育出版社
Guangdong Higher Education Press
·广州·

内 容 简 介

本书所述的自学习型粒子群优化算法是在粒子群优化算法思想的启发下，引入算法自学习的模型，通过将算法在搜索过程中所生成的各类信息进行归纳分析获得高层信息，并在此基础上设计新机制来提升种群搜索效率的一种新型算法。本书总结了个体适应度关系学习、个体访问位置信息学习、子群搜索模式增强学习等三大类自学习模型，构建了实现自学习型粒子群优化算法的五种典型方法，以此来实现算法对复杂优化问题的高效求解。

本书旨在帮助读者了解自学习型粒子群优化算法的核心思想和算法框架，强化读者对自学习型粒子群优化算法的应用能力，主要面向从事群体智能研究的科研人员和工程技术人员，也可以作为计算机、电信、自动化、应用数学、管理、金融等相关学科的各类院校教师和学生的参考书。

图书在版编目（CIP）数据

自学习型粒子群优化算法：原理及其应用/杨震伦著. --广州：广东高等教育出版社，2024.11. --ISBN 978-7-5361-7814-4

Ⅰ.TP301.6

中国国家版本馆 CIP 数据核字第 20245T02R1 号

出版发行	广东高等教育出版社 地址：广州市天河区林和西横路 邮政编码：510500　电话：（020）87551597　87551163 http://www.gdgjs.com.cn
印　　刷	广州小明数码印刷有限公司
开　　本	787 毫米×1 092 毫米　1/16
印　　张	10.75
字　　数	270 千
版　　次	2024 年 11 月第 1 版
印　　次	2024 年 11 月第 1 次印刷
定　　价	68.00 元

前　言

近年来，进化计算作为计算智能领域中的新兴学科得到了快速发展。进化计算所涉及算法称为进化算法，具有自适应、自搜索、并行性等特点。当前，进化算法已广泛应用于解决科学研究和工程应用诸多问题中。作为进化算法中的一种，粒子群优化算法因具有算法结构简单、收敛快速等特点而得到了广泛应用。粒子群算法在迭代运算过程中产生了丰富的进化信息，然而目前大多数粒子群算法对进化信息的利用仅限于在个体速度及位置的更新运算上。因此，将进化信息进行筛选整合，得到深层信息并予以利用，是粒子群算法一种潜在的优化和改进途径。

作者及课题组成员近年来一直专注于粒子群优化算法研究，并在粒子群优化算法基本原理基础上创新性、系统性地提出了一类自学习型粒子群优化算法。该算法利用进化信息构建丰富的高层信息，并为算法的自学习策略提供关键支撑，使得搜索种群的个体能自适应地对算法运行环境进行学习，提升个体的智能性，从而提高算法的搜索精度和效率，实现对多种复杂优化问题的高效求解，为科学研究及工程领域的优化决策提供支持。

本书是作者多年来在自学习型粒子群优化算法研究成果的基础上进行的提炼和总结，以深入浅出的表达方式讨论自学习型粒子群优化算法在函数优化及多个工程优化领域的应用。本书系统介绍了自学习型粒子群优化算法的思想来源、理论依据、实现方法以及在函数优化、图像处理、电力优化、神经网络训练中的应用，全书共分为 8 章，基本构成了一个完整的体系。各章内容安排如下。

第一章分析最优化问题的定义，阐述粒子群算法的原理和数学模型，讨论粒子群算法的研究现状，初步阐述自学习型粒子群优化算法的思想内容，总结个体适应度关系学习、个体访问位置信息学习、子群搜索模式增强学习等三大类自学习模型，给出全书结构和章节之间的关系。

第二章到第三章介绍面向单目标优化，基于个体适应度关系学习模型的自学习型粒子群优化算法。

第四章介绍基于个体适应度关系学习模型的自学习型粒子群优化算法在电力经济负荷分配问题中的应用。

第五章阐述面向多目标优化，基于个体适应度关系学习模型的自学习型粒子群优化算法。

第六章讲述基于个体适应度关系学习模型的自学习型粒子群优化算法在神经网络训练中的应用。

第七章介绍基于个体访问位置信息学习模型的自学习型粒子群优化算法在图像处理中的应用。

第八章讲述基于子群搜索模式增强学习模型的自学习型粒子群优化算法。

在本书撰写过程中，得到香港城市大学胡国明教授、广东技术师范大学姜允志教授等的关心、指导和帮助，在此对他们表示衷心感谢。本书相关研究工作得到了作者所在单位广州番禺职业技术学院在场地、计算资源等方面的大力支持，获得了广东省普通高校重点领域专项项目（新一代电子信息）“基于多维性能评估的自组织型进化算法及应用研究”（编号 2022ZDZX1065）、“面向工业生产的组合式灰狼优化算法研究”（编号 2023ZDZX1072）、广州市科学技术局 2020 年基础与应用基础研究专题“多层信息支撑的自学习粒子群算法研究与应用”（编号 202002030133）的资金支持，在此一并表示感谢。

本书主要面向从事群体智能研究的科研人员和工程技术人员，也可以作为计算机、电信、自动化、应用数学、管理、金融等相关学科的各类院校教师和学生的参考书。

由于作者水平有限，本书许多内容还有待继续完善和深入研究，不足之处，恳请读者批评指正。

杨震伦

2024 年 9 月 10 日

目 录

第一章　绪论

最优化问题广泛存在于管理与工程领域的诸多实际应用场景中，因此研究设计高效率的优化技术具有十分重要的意义。特别是目前随着国内外各类组织规模不断增大，与之对应的优化问题的类型及数量也不断增多，其中有相当部分是具有多峰、非凸、非连续、非线性等特点的复杂问题。这些复杂求解是优化算法领域国内外公认的难题，目前的应用需求日显突出。然而，现有的绝大多数优化算法对于某些特性的特定问题具有较好的求解性能，但是对于其他问题的寻优效率不佳。这使得现有算法对于管理及工程领域新涌现的具有各种新特性的新型优化问题的求解效果不理想。为了拓宽算法在不同领域的适用性，目前的常规做法是算法的混合化，这使得算法中的组件越来越多，但这既增加了算法的运算复杂度，也带来了参数设置的难题。这给实际应用中的新型优化问题的求解带来了较大的困难。因此，从实用性和智能性的角度，设计能对大范围的各种管理及工程领域中不同特性的优化问题具有稳定而高效的求解性能，并且在具体实施上具有易于配置特点的新型优化算法，其需求是非常迫切的。

受自然界鸟类觅食行为的启发，肯尼迪（Kennedy）和埃尔哈特（Eberhart）于 1995 年提出了粒子群优化算法（particle swarm optimization，PSO）[1]。因为其具有结构简单和收敛快速等特点，粒子群优化算法被广泛地用来求解最优化问题。迄今为止，已经出现了大量的、关注于算法不同方面的改进粒子群算法。然而，现有粒子群优化算法中存在着额外参数多、优化性能的稳定性和通用性较差等问题，因此，以粒子群优化算法及其主流改进算法为基础，采用新思路解决其存在的问题，提高算法的适用性和效率，是可行且具有前景的研究方向。

进化信息是指种群自身在迭代进化的过程中产生的信息。进化算法在每次迭代运算的过程中都会产生一定的进化信息，如种群个体在搜索空间的位置、个体在目标空间的位置（个体的适应度值）、个体之间的优劣关系等，大多数算法都需要利用部分进化信息来引导种群的搜索，如遗传算法在每次迭代运算时都会根据个体的优劣信息，更多地选用优秀的个体来生成新个体。粒子群算法的重要特点是会保存种群的每个个体自身所搜索到的最佳位置，还会保存整个种群的全局最佳位置，这使得对粒子群算法的搜索行为的分析不但可以基于粒子的飞行轨迹和种群的分布，还可以基于个体最佳位置及种群全局最佳位置的飞行轨迹和分布信息，这些都是对算法具有关键作用的进化信息。粒子群算法对进化信息的利用通常仅限于在个体的速度及新位置的更新运算上，即用于对种群搜索行为的直接引导。而近年来，一种以较为独特的方式来对进化信息进行利用的被称为自学习的方法被提出应用于对进化算法的改进，其核心思想是使种群个体能自适应地基于种群的进化信息来对算法运行环境进行学习，从而利用这些信息来直接提升解的质量或是根据环境状态自主地采用不同的搜索策略或者使用不同的参数来实现搜索。传统的进化算法对种群个体的搜索策略是基于固定的个体更新方法的，这会导致算法在求解某些优化问题时容易陷入局部最优，也会出现种群个体对某些区域重复搜索导致效率较低的问题。因此，自学习策略的引入，能在一定程度上提升进化算法的搜索效率。具体而言，自学习主要指的是种群个体的自主学习行为（learning individually），其内涵包括两个方面：一个是“自”，强调个体的自主性（individually），即个体的搜索行为并不受一个相同的方法来控制；另一个是“学习”（learning），强调个体能利用进化信息来直接提升自身的寻优效率，或者是通过对算法运行环境进行学习来选择合适的搜索模式。研究表明，自学习策略能较好地提升粒子群这类个体独立性相对较强算法的搜索效率。

自学习策略的首要关键点在于对信息的利用上，粒子对环境的学习需要额外的信息，粒子的多种更新策略也需要不同来源的信息。以自学习策略为立足点来改进粒子群算法的研究方向，近年来有学者开展了积极的探索，研究成果主要体现在以下 3 个方面。

（1）以多种搜索策略为特点。此类方法利用适应度是否得到提升作为标准来对多种搜索策略进行评估并用评估结果指导个体对搜索策略的选择。如李（Li）等[2]提出的自学习粒子群算法，给出了四种粒子群的个体位置更新方法，并且基于贪婪策略提高成功率高的更新方法被选中的概率，从而提升了算法的效率。

（2）以进化状态感知为特点。此类研究利用种群的某些整体信息来指示算法的进化状态，并根据不同的算法状态来自动设定个体更新方程中的参数。与上述的第一种研究思路相比，这种方法不需要设计额外的多种个体更新策略，仅需要更为合理地自适应设置现有的参数。如詹（Zhan）等[3]提出了一种自适应粒子群算法，通过对个体之间的距离进行计算来判断算法当前的运行状态，并以此来实现种群个体的位置更新方程中的参数自适应设定。

（3）以个体的分类为特点。此类方法利用整个种群的信息和个体自身的信息的对比关系来指示个体在种群中的类别，并依据个体的类别来实施不同的搜索策略。如林（Lim）等[4]提出的自适应双层粒子群算法，分别对两层种群的个体，依据其与种群中心的距离来判定其属于“开发”型粒子还是“探索”型粒子，并应用不同的位置更新方法来更新不同类别的个体。总体而言，目前大多数的自学习策略所利用的信息都较为简单，或是原始的进化信息如适应度值，或是对原始进化信息简单处理之后的信息如粒子的分散程度。一方面，简单的信息不能充分有效地反映环境的状况；另一方面，进化信息的规模和种类随着算法迭代次数的增加而不断增大增多，如何对这些进化信息进行选择也成为一个难题。如果把进化信息当成数据，从各种进化信息中学习和发现规律，形成具有综合性、高层次性及结构性等特点的高层信息，则能较好地解决上述问题，有望能进一步提高粒子群算法的性能，是自学习粒子群算法的一种具有重要意义的优化和改进途径。本书的自学习粒子群算法主要是指从粒子群算法迭代运算过程中产生的进化信息中选择原始信息，同时构建高层信息并从多方面为算法的自学习策略提供支撑，从而提高粒子群算法性能的一类算法的总称。

以自学习策略为立足点来提升粒子群算法的性能是值得重视的研究方向，目前虽然已有学者在这个方向上取得一些进展，然而在总体上对作为支撑的进化信息的利用方法较为朴素和基础，并且主要是遵循“提出一个新思路并通过实验来验证算法的提升效果”的路径来开展研究，缺乏持续、深入的研究，效果也不被广泛认可，对于多峰、非凸、非连续、高维等复杂问题的求解也存在一定的困难，在研究系统性和研究深度上有所欠缺，还存在一系列亟待解决的问题，例如：

（1）欠缺从原始进化信息中提取高层信息，进而实现多层信息支撑的自学习系统性模型。目前以自学习为立足点的粒子群改进算法，大多是零散性研究。一般是采用一个思路在若干测试函数上的仿真实验来证明有效性，或者是针对某个特定的工程问题，开发出某种改进粒子群算法来进行求解，在研究的系统性和深入性上有所欠缺。并且有相当大的一部分研究都是采用直接、简单的方式利用进化信息实现自学习，缺乏高层信息的构建和利用，而由于利用的信息层次不高，来源单一，算法容易受单一因素影响，导致算法在某些问题上的求解效率不高，使得算法的适用范围受到限制。

（2）算法的复杂度过高而实用性不足。目前基于自学习策略的算法通常需要设计多个个体更新方法，算法流程也更为复杂，然而算法中的组件增多和流程增加一方面会增加算法的运算复杂度，另一方面也会带来参数设置的难题，导致实用性降低。有研究[5]发现，某些复杂算法中的组件实际上对算法的性能提升的帮助并不大，甚至还有负面作用。

（3）欠缺算法理论分析。对于以自学习为立足点的包括粒子群算法在内的各类进化算法的相关理论研究，目前非常欠缺，对于增加了自学习的相关处理前后，算法自身的搜索范围的变化、种群分散性（diversity）和收敛性（convergence）方面的分析、算法的收敛性、收敛速率的理论分析等都罕见报道。

本书内容就是在前述的背景下，为回答上述问题而开展研究，并将研究成果汇集而成的。本书通过对粒子群算法的高层进化信息构建方法及利用多层次信息实现自学习策略的探索和研究，在理论分析和实验分析的支撑下，设计具有优异性能的粒子群算法并应用到求解各类工程实践的复杂优化问题中，将对粒子群优化算法的理论发展和实际应用产生积极的推动作用，具有重要的学术意义和实际工程应用价值。此外，本书所涉及的高层进化信息构建、利用多层次信息实现自学习策略及其在粒子群算法上的应用的系统性研究，实质上是将粒子群算法本身所产生的各类信息视作重要资源，并进行挖掘利用，从而提升算法性能的一个有益探索，它将为这一具有潜力的发展方向提供一个研究框架并奠定相应的理论基础，同时对于其他算法的改进和设计也具有一定的指导意义和参考价值。

本书涉及单目标优化和多目标优化，本章先对最优化问题的概念和多目标优化的概念进行说明，然后再分别描述单目标粒子群算法和多目标粒子群算法的研究现状，最后是本书的结构安排。

第一节　最优化问题概述

现实世界中存在的问题大多数都有多个甚至无数个解，而人们在解决问题的过程中是有着自身特定的标准或者准则的，最优化问题（optimization problem）所研究的内容就是：对于一个给定问题，在这些可能的解中，按某种准则来找到一个可行的最优解。随着信息技术的快速发展，最优化技术得到了越来越广泛的应用，尤其在工农业生产以及社会各项事务管理中的应用以及所产生的重大效益，使其得到了日益增长的关注和重视。目前最优化技术的应用已经渗透到工业生产、农业种植、各类机构的管理、科学研究、企业经营活动等众多领域，并且其应用领域还在不断扩大，因此关于最优化算法及其应用的研究日益重要。

对于给定的实际优化问题，第一步是通过建模的方式将其转换成规范表达的数学模型，也就是定义决策空间、目标空间以及两者之间的关系。第二步则是对优化问题的数学模型通过计算的方式来求解。最优化问题的分类，根据优化目标函数的个数不同，可分为单目标优化问题和多目标优化问题；根据是否有约束限制，可分为无约束优化问题和有约束优化问题；根据决策变量的取值类型，可分为函数优化问题和组合优化问题；根据优化目标函数是否随着时间的变化而发生动态改变，可分为静态优化问题和动态优化问题。

一、最优化问题的求解模型

一般来说，一个最优化问题可用下述形式进行描述：

定义 1.1　最优化问题。

最优化问题的数学模型的基本表达方式为：

$$\begin{aligned} &\min F(\boldsymbol{x})=(f_1(\boldsymbol{x}),\ f_2(\boldsymbol{x}),\ \cdots,\ f_m(\boldsymbol{x})) \\ &\text{s. t. } g_j(\boldsymbol{x})\leqslant 0 \quad j=1,\ 2,\ \cdots,\ p; \\ &h_k(\boldsymbol{x})=0 \quad k=1,\ 2,\ \cdots,\ q \end{aligned} \tag{1-1}$$

其中 $\boldsymbol{x}=(x_1,\ x_2,\ \cdots,\ x_D)\in\Omega\subseteq \mathrm{R}^D$ 是包含 D 个决策变量的向量，R^D 是决策变量空间，Ω 是可行域，即满足所有约束条件的解空间，可行域中的解称为可行解。$F(\boldsymbol{x})$ 包含了 m

个独立的目标函数，当 $m=1$ 时，模型为单目标优化，而当 $m\geqslant 2$ 时，模型为多目标优化。$g_j(\boldsymbol{x})\leqslant 0$ 为第 j 个不等式约束条件，$h_k(\boldsymbol{x})=0$ 为第 k 个不等式约束条件。

在单目标优化中，在可行域中使目标函数最小的解为最优解。对于多目标优化中解的优劣则需要使用另一种评判方式。

二、多目标优化相关概念

一个多目标优化问题需要同时满足两个或以上的目标函数，并且通常情况下这些目标函数是互相有冲突的。比如说在机械加工问题中，希望同时达到机械加工成本最低、生产率最高以及刀具寿命最长等目标。而在没有任何先验知识的情况下，一个能同时满足所有目标的单个最优解是不存在的，所以通常求解的结果是包含多个解的集合[6]。

由于单目标优化的概念在多目标优化中不适用，帕累托（Pareto）支配的概念被引入来评估多目标优化中的解[7]。

定义 1.2　帕累托（Pareto）支配。

对于在决策空间 R^D 的两个向量 $\boldsymbol{x}$ 和 $\boldsymbol{y}$，$\boldsymbol{x}$ 支配 $\boldsymbol{y}$，即 $\boldsymbol{x}<\boldsymbol{y}$ 当且仅当

$$\forall i\in\{1,\ 2,\ \cdots,\ m\},$$
$$f_i(\boldsymbol{x})\leqslant f_i(\boldsymbol{y})\wedge\exists j\in\{1,\ 2,\ \cdots,\ m\},$$
$$f_j(\boldsymbol{x})<f_j(\boldsymbol{y})\tag{1-2}$$

由于决策空间中的支配关系是由目标空间的支配关系所决定的，所以决策空间的支配关系与目标空间的支配关系是一致的。

定义 1.3　帕累托（Pareto）最优解。

如果一个解 $\boldsymbol{x}^*\in\Omega$ 不被任意一个解 $\boldsymbol{x}\in\Omega$ 所支配，那么该解就称为问题的 Pareto 最优解，并且 $F(\boldsymbol{x}^*)$ 被称为 Pareto 最优向量。

定义 1.4　帕累托（Pareto）最优解集。

满足定义 1.3 的所有 Pareto 最优解被定义为 Pareto 最优解集（Pareto Set），简称 PS：

$$PS=\{\boldsymbol{x}\in\Omega\mid\boldsymbol{x}\text{ is Pareto Optimal}\}\tag{1-3}$$

定义 1.5　帕累托（Pareto）前沿。

Pareto 目标最优向量的集合被定义为 Pareto 前沿（Pareto Front），简称 PF：

$$PF=\{F(\boldsymbol{x})\in R^m\mid\boldsymbol{x}\in PS\}\tag{1-4}$$

由于求解的结果是一个集合，对于某个问题而言需要在整个 Pareto 解集中挑选一个或者多个合适的解作为最终解，这其实是需要根据实际应用的需求通过牺牲某个或某些目标的性能来改善其他目标，在多个目标函数间进行折中。所以多目标优化算法的目标不仅是要得到逼近全局最优的解，还希望所得到的解能尽量覆盖整个 Pareto 前沿以利于设计人员进一步选择适用的解。因此，多目标优化算法所求得的解要满足两个要求：①收敛性：尽量逼近真实 Pareto 前沿；②分散性：也称为分布性，指尽量均匀分散地覆盖整个 Pareto 前沿。

第二节　单目标粒子群算法研究现状

在最近的若干十年时间内，有多种受自然界生物的行为及规律启发而产生的全局优化算法被提出，这些算法都属于元启发式算法。根据埃斯拉米（Eslami）等[8]的调研，到2012年为止，利用元启发式算法来解决优化问题的研究中，粒子群算法的数量仅次于遗传算法位居第二，可见粒子群算法已经成为一种重要而有效的工具被广泛应用到解决优化问题中。

从1995年被提出到目前为止，约30年的时间里，粒子群算法吸引了众多学者对其开展算法改进研究和理论研究，同时也被广泛应用到解决各种工程实践问题中。在Web of Science的搜索结果表明了从2001年到2021年的20年间，关于粒子群算法的相关研究整体呈上升趋势。

粒子群的研究内容主要包括算法改进研究、理论研究及应用研究。粒子群算法的提出主要面向单目标优化问题，初期的粒子群改进算法也集中在单目标优化上，直到1999年摩尔（Moore）和查普曼（Chapman）首次在一篇未发表的手稿中提出了多目标粒子群优化算法[9]，之后才出现众多的多目标粒子群优化算法。本书的研究对象包括单目标粒子群算法及多目标粒子群算法。由于目标问题的区别导致单目标粒子群算法和多目标粒子群算法的研究重点也有所差异。本节将以单目标粒子群算法为主来展开描述，首先介绍的基本粒子群算法和标准粒子群算法是粒子群算法研究的重要基础，其次是对粒子群算法的改进研究进行说明，最后对粒子群算法的理论研究及应用研究等分别进行阐述。多目标粒子群的相关研究现状将在下一节进行说明。

一、基本粒子群算法及标准粒子群算法

粒子群算法仿真鸟群觅食的过程，同时存在多个潜在解并且互相协作，每个潜在解被称为一个粒子，这些粒子在问题的决策空间进行飞行搜索以期找到最优的位置。每个粒子在飞行过程中基于自身及其他粒子的搜索经历来不断调整自身的位置。具体而言，粒子在搜索空间的状态可以用两个矢量来表示：当前位置的D维矢量$\boldsymbol{x}=(x_1, x_2, \cdots, x_D)$和当前速度的$D$维矢量$\boldsymbol{v}=(v_1, v_2, \cdots, v_D)$，粒子在每次迭代中的位置更新基于以下两个方程：

$$\boldsymbol{v}_i^{t+1}=\boldsymbol{v}_i^t+\boldsymbol{c}_1\boldsymbol{r}_1(\boldsymbol{pbest}_i^t-\boldsymbol{x}_i^t)+\boldsymbol{c}_2\boldsymbol{r}_2(\boldsymbol{gbest}^t-\boldsymbol{x}_i^t) \tag{1-5}$$

$$\boldsymbol{x}_i^{t+1}=\boldsymbol{x}_i^t+\boldsymbol{v}_i^{t+1} \tag{1-6}$$

其中$i=1, 2, \cdots, N$（N是种群大小），$\boldsymbol{v}_i^t$及$\boldsymbol{x}_i^t$分别是粒子i在第t代的速度及位置向量。

$\boldsymbol{pbest}_i^t$及$\boldsymbol{gbest}^t$分别是在第 t 代的粒子 i 的个体最优及全体粒子的全局最优。c_1及c_2是两个分别被称为认知权重和社会权重的正整数系数。$\boldsymbol{r}_1$及$\boldsymbol{r}_2$是两个均匀分布在［0，1］之间的随机 D 维矢量参数。

式（1－5）中，$\boldsymbol{v}_i^t$是粒子在前一代的飞行速度，是之前飞行方向的记忆，这能防止粒子每次更新位置时过于剧烈地改变飞行方向。$c_1\boldsymbol{r}_1$（$\boldsymbol{pbest}_i^t-\boldsymbol{x}_i^t$）被称为认知项，它表示粒子自身的搜索经验，作用是将粒子吸引到其自身搜索历史中所获得的最优位置。$c_2\boldsymbol{r}_2$（$\boldsymbol{gbest}^t-\boldsymbol{x}_i^t$）被称为社会项，代表粒子之间的合作，其作用是将粒子吸引到整个群体所搜索到的最优位置上。根据文献[10]的描述，式（1－5）中的这些部分可以从社会心理学角度来解释，如认知项对应到“一个得到加强的随机行为在将来会更有可能出现”，而社会项则对应到“当观察者观察到一个模型在加强某一行为时，将增加它实行该行为的概率”。通俗地解释，粒子依据一个速率往某个方向飞行，并且依据自己的过往经验及整个群体的经验，不断调整飞行速率和方向，最终收敛到某个点上。

算法的流程如以下伪代码所示：

```
Procedure of PSO
  For i = 1 to swarm size N
    randomize the position of each particle x[i];
    initiate the velocity of each particle v[i] = 0;
    evaluate x[i];
    pbest[i] = x[i];
  Endfor
  initiate gbest with the position of best particle;
  Repeat
    For i = 1 to swarm size N
      update v[i] with Eq. (1-5);
      update x[i] with Eq. (1-6);
      evaluate x[i];
      update pbest[i];
    Endfor
    update gbest;
  Until maximum number of iterations is reached
```

算法 1－1　粒子群算法伪代码

这是粒子群算法最早的一种形式，该算法也被称为基本粒子群算法。由于基本粒子群算法存在收敛速度不易控制、容易陷入局部最优等问题，所以有学者提出了一些改进，其中影响最大的是施（Shi）和埃尔哈特（Eberhart）[11]的研究成果。施（Shi）和埃尔哈特（Eberhart）发现式（1－5）中的v_i^t完全由上一代的速度决定并且没有任何限制，难以进行局部搜索和全局搜索的平衡控制，因此，提出了为粒子群算法增加一个新的参数惯性权重 ω，改进的算法的速度更新方程修改如下：

$$v_i^{t+1} = \omega v_i^t + c_1 r_1 (pbest_i^t - x_i^t) + c_2 r_2 (gbest^t - x_i^t) \quad (1-7)$$

通过对 ω 的值的调整可以在不同的搜索节点让粒子的搜索重点偏向于局部搜索或者全局搜索，从而提高算法的性能。在大量测试函数上的实验结果证明，增加了惯性权重的粒子群优化算法的性能相对于基本粒子群算法有了显著的提高[11]。这种改进的粒子群算法被广泛认可而被称为标准粒子群算法（standard PSO，PSO－S），成为目前大多数粒子群算法的改进研究的基础算法。

二、单目标粒子群算法改进研究现状

依据安吉莉（Angeline）[12,13]的研究，虽然与其他元启发式算法相比，粒子群算法收敛到某个最优点的速度较快，但是当种群数量增加时，并不能显著地提升算法的性能，这说明了粒子的搜索能力并没有充分发挥出来。同时，在洛夫别尔（Lovbjerg）[14]的研究中也指出，粒子群算法有两个缺陷：一个是算法的性能与问题相关性较强，这种相关性主要是由参数的设置方式所导致的，没有一种通用的参数设置能应用到所有问题上并能取得较佳的效果；另一个是粒子群的早熟收敛特性，容易陷入局部最优点。基于这些问题，研究人员提出了大量有针对性的改进算法。本书对这些改进算法中较具影响力的部分进行了分析和归类。总体上，这些算法从形式上可以被分为三大类：第一类是研究如何通过调整和优化粒子群的速度和位置更新方程中的某些组件来实现算法的优化，我们将之简称为更新方程优化算法；第二类是对种群在空间领域的行为方式进行优化，而这种类型的改进大多会在算法的流程中进行体现，我们将之简称为算法流程优化算法；第三类是与其他算法结合在一起的混合算法，也即粒子群算法作为一个整体嵌入相应算法的某个环节中，简称为混合算法。当然这种分类并不非常精确，有些算法可以被归入该分类下多个类别中，但是这个分类从改进算法的形式上来进行描述，可以更清晰地说明算法改进的重点内容，易于理解也更适用于描述多种算法之间的联系和区别。

1. 更新方程优化算法

粒子群的更新方程包含多个组件，其中在式（1－7）中的惯性权重 ω，认知权重c_1和社会权重c_2属于算法的关键参数，这些参数的选取对算法的性能有着巨大的影响。此外，式（1－7）中的个体最优 ***pbest*** 及全局最优 ***gbest*** 的选择和生成方式也非常重要。因此，对这些组件的相关研究属于粒子群算法的研究热点。

惯性权重的设置是粒子群算法的一个重点研究内容，有相当多的文献提出了不同的方法对惯性权重进行设置。根据尼卡巴迪（Nickabadi）等[15]的分析，主要可以分为三类：第一种是常数或随机数惯性权重，第二种是时变惯性权重，第三种是自适应惯性权重。

施（Shi）和埃尔哈特（Eberhart）[11]建议将惯性权重设置为［0.8，1.2］之间的一个常数。埃尔哈特（Eberhart）等[16]将惯性权重设置为一个随机数，其计算公式如下：

$$\omega = 0.5 + \frac{\mathrm{rand}()}{2} \tag{1-8}$$

其中 rand() 函数返回一个［0，1］之间的随机实型数。

时变惯性权重目前在粒子群算法中被广泛采用，而时变的形式也有若干种。施（Shi）和埃尔哈特（Eberhart）[17]采用线性递减的方式来设置惯性权重，如下式所示：

$$\omega^t = (\omega_{max} - \omega_{min})\frac{t_{max} - t}{t_{max}} + \omega_{min} \tag{1-9}$$

ω 值由最大值 ω_{max} 线性递减到最小值 ω_{min}，t_{max} 是最大代数，而 t 是当前代数。在不同的算法中，ω_{max} 和 ω_{min} 分别可取不同的值。

查特吉（Chatterjee）和西尔力（Siarry）[18]提出了一种非线性递减的惯性权重设置方法，如下式所示：

$$\omega^t = (\omega_{max} - \omega_{min})\frac{(t_{max} - t)^n}{(t_{max})^n} + \omega_{min} \tag{1-10}$$

其中 n 是非线性调制指数。

冯（Feng）等[19]应用了一种惯性权重的混沌模型，该模型在线性递减的惯性权重基础上叠加了一个混沌因子，如下式所示：

$$\omega^t = (\omega_{max} - \omega_{min})\frac{t_{max} - t}{t_{max}} + \omega_{min} \times z \tag{1-11}$$

其中 z 每次按照式子 $z = 4z(1 - z)$ 进行更新。z 的初始值是一个［0，1］之间的随机数。

除了上述的递减惯性权重，也有研究采用递增的方式更新每一代的惯性权重，郑（Zheng）等[20]提出了一种基于递增惯性权重的粒子群算法，在该算法中惯性权重由 0.4 递增到 0.9，在文章中涉及的四个测试函数中，这种方法比递减的具有更好的效果。焦（Jiao）等[21]也提出另外一种递增惯性权重的迭代算法，具体如下式所示：

$$\omega^t = \omega_{init} \times u^t \tag{1-12}$$

其中 ω_{init} 是在［0，1］之间的惯性权重初始化值，u 是介于［1.0001，1.005］之间的一个经验常数。

自适应惯性权重也受到了较多的关注。施（Shi）和埃尔哈特（Eberhart）[22]提出一种包含 9 种规则的模糊系统来动态地调整惯性权重。阿鲁穆甘（Arumugam）与饶（Rao）[23]使用了全局最优和所有粒子局部最优的平均值的适应度来确定每一代的惯性权重，如下式所示：

$$\omega^t = 1.1 - \frac{\boldsymbol{gbest}^t}{(\boldsymbol{pbest}_i^t)_{average}} \tag{1-13}$$

乔汉（Chauhan）等[24]基于每次迭代中粒子搜索过程中的结果来调整惯性权重：

$$\omega^{t+1} = \omega^{t} - (\omega^{t} - 0.4) \times \exp\left(-\left|(\boldsymbol{gbest}^{t} - \boldsymbol{pbest}_{i}^{t}) \times \frac{t}{t_{\max}}\right|\right) \qquad (1-14)$$

塔赫尔卡尼（Taherkhani）和萨法巴赫什（Safabakhsh）[25]在式子（1－14）的基础上，增加考虑了每次迭代运算中粒子的适应度是否优于自身的全局最优的因素。

认知权重 c_1 和社会权重 c_2 的设置也有众多研究成果。肯尼迪（Kennedy）和埃尔哈特（Eberhart）[1]建议这两个参数都设置为 2 来避免无效率搜索和早熟收敛。拉特纳维拉（Ratnaweera）和哈尔加穆格（Halgamuge）等[26]提出了一种时变的方案，认知权重 c_1 由 2.5 逐渐变化到 0.5，而社会权重 c_2 由 0.5 逐渐变化到 2.5，仿真结果表明该方案在测试函数上能取得较好的效果。姜（Jiang）等[27]提出一种自适应调整社会权重的方法，基于贝叶斯定理用每个粒子的当前适应度和全局最优适应度的差别来生成每个粒子自身的社会权重，该算法被应用在图像分割上并取得了较好的效果。

针对 ***pbest*** 和 ***gbest*** 的相关研究，首先要提到的是粒子群算法存在一种局部模型。通常意义上的粒子群算法的 ***gbest*** 指的是全局范围内的所有粒子搜索到的最优点。但肯尼迪（Kennedy）[28]指出这种全局模型具有容易陷入局部最优的缺陷，并提出了粒子群算法的局部模型，即每个粒子只与某个邻域范围内的粒子相互影响，这种被称为 *lbest* 局部模型。其他研究人员也提出了不同的 *lbest* 模型，如蒋（Jiang）等[29]提出了一种基于年龄群拓扑结构的粒子群算法，年龄指粒子的自身最优没有被更新的代数，年龄越大表示相应粒子的自身最优越久没有被更新。粒子按年龄进行分群，并且在每个年龄群中的粒子仅能选择它自身所在的年龄群中的粒子或者比它年轻的粒子作为它的邻域。梁（Liang）等[30]采用 K 均值聚类来构建子群，然后将粒子群的全局最优 ***gbest*** 和邻域最优组合起来并取代粒子群更新方程中的 ***gbest***。

对于粒子群算法过程中产生的记忆信息的自学习，目前也有一些基于更新方程优化的研究成果。贝内代蒂（Benedetti）等[31]提出了一种基于增强记忆的二进制粒子群算法，其主要改进在于速度的更新公式：

$$\boldsymbol{v}_{i}^{t+1} = \omega\,\boldsymbol{v}_{i}^{t} + c_1\,\boldsymbol{r}_1(\boldsymbol{pbest}_{i}^{t} - \boldsymbol{x}_{i}^{t}) + c_2\,\boldsymbol{r}_2(\boldsymbol{gbest}^{t} - \boldsymbol{x}_{i}^{t}) + c_3\,\boldsymbol{r}_3\,\frac{\sum_{m=1}^{M}\left[\boldsymbol{pbest}_{i}^{m} \times e^{-H\frac{(m-1)}{M}}\right]}{M} \qquad (1-15)$$

其中 H 是一个常数，M 是记忆存储空间的长度，而记忆存储空间主要存储粒子在先前代中的 M 个最优的 ***pbest*** 信息。

段其昌等[32]提出了一种带扩展记忆的粒子群优化算法，主要是对速度更新公式进行了改进：

$$\begin{aligned}\boldsymbol{v}_{i}^{t+1} = {} & \omega\,\boldsymbol{v}_{i}^{t} + c_1\boldsymbol{r}_1(\varepsilon^{t}(\boldsymbol{pbest}_{i}^{t} - \boldsymbol{x}_{i}^{t}) + \varepsilon^{t-1}(\boldsymbol{gbest}^{t-1} - \boldsymbol{x}_{i}^{t-1})) + \\ & c_2\boldsymbol{r}_2(\varepsilon^{t}(\boldsymbol{gbest}^{t} - \boldsymbol{x}_{i}^{t}) + \varepsilon^{t-1}(\boldsymbol{gbest}^{t-1} - \boldsymbol{x}_{i}^{t-1}))\end{aligned} \qquad (1-16)$$

其中 ε^{t}，$\varepsilon^{t-1} \in \mathrm{R}^{+}$ 且 $\varepsilon^{t} + \varepsilon^{t-1} = 1$。

段其昌等[33]又在上述研究的基础上提出一种加强学习与联想记忆的粒子群优化算法，主要是在式（1－16）的基础上增加了全局最差和个体最差的两个减项。

2. **算法流程优化算法**

对算法流程进行优化，典型的做法是提出一种新的思想或者借鉴其他算法的思想，并在算法中采用与标准粒子群算法不同的处理方法或者是在原有的处理方法上添加额外操作。安吉莉（Angeline）[12,13]将选择策略应用到粒子群算法中以提高其性能，具体做法是依据锦标赛选择策略从粒子中选择某些个体进行比较，胜出的将获得一个点数，然后所有的粒子依据所获得的点数进行排序，并且用前半部分的粒子替代掉后半部分的粒子，这样有助于改善算法在单峰函数上的收敛性能，但是在多峰函数上更容易陷入局部最优。为了克服早熟问题，谢（Xie）等[34]提出了一种耗散粒子群算法（dissipative PSO，DPSO），主要是为粒子添加了随机的变异扰动。变异的引入对于克服粒子群固有的早熟问题具有一定的作用，也有学者做了后续的研究，提出了一些改进算法，如高斯变异粒子群算法（PSO with gaussian mutation，PSOG）[35]、变异粒子群算法（PSO with mutation，PSOM）[36]等。

对于粒子在空间领域的行为方式进行优化的一种重要思路是分群，其中一种具有广泛影响力的改进算法由范登伯格（Van den Bergh）和爱德华兹（Engelbrecht）[37]提出，这种算法解决了粒子群在搜索过程中“进两步，退一步”的问题，主要做法是将粒子按照搜索空间的维数分为多个子群，每个子群负责搜索一个维度，粒子的 ***pbest*** 和 ***gbest*** 由这些子群所搜索到的最优位置共同决定。李（Li）[38]提出了一种用于解决多峰问题的物种基础粒子群算法，依据粒子的相似性把粒子群分成不同的物种子群，而每个物种子群以物种种子为中心，并且物种种子在粒子的位置更新中作为 *lbest*。类似的算法还有卡瓦略（Carvalho）和菲利奥（Filho）[39]提出的宗族粒子群算法（clan PSO，CPSO）等。

基于混杂的思想，爱德华兹（Engelbrecht）[40]提出了混杂粒子群算法（heterogeneous PSO，HPSO），构建搜索行为池，并对不同的粒子从搜索行为池中选择不同的搜索行为，使得粒子能具有不同的搜索能力。

有些算法通过引入一些其他学科的思想对粒子群算法的整体结构进行了优化，如孙（Sun）等[41]提出了一种量子行为粒子群算法（quantum behaved PSO，QPSO），基于量子行为来实现粒子位置的更新。在该算法中，没有速度项，每次粒子的位置更新只与全局最优及所有粒子的个体最优有关。

基于学习策略的粒子群算法是进行流程优化的一类重要算法。梁（Liang）等[42]提出了一种综合学习策略，在每个粒子进行位置更新时，其自身最优 ***pbest*** 中的某些分量以一定概率被其他粒子 ***pbest*** 的相应分量替换，从而使得每个粒子的最优解都可能被其他粒子学习。在综合学习策略上改进的还有纳西尔（Nasir）等[43]提出的基于动态邻域的学习策略及余（Yu）和张（Zhang）[44]提出的基于自适应学习概率的学习策略。

对于粒子群的自学习，基于流程优化方法的也有一些研究成果。阿肯（Acan）等[45]提出一种基于外部记忆的粒子群优化算法，在第一阶段运行标准粒子群算法，并将每次所产生的一定比例的最优粒子位置和速度矢量的随机起始位置上的随机长度的片段存入到外部记忆空间中，反复操作直到将外部记忆空间填满。第二阶段的每次迭代都在外部记忆空间中选取一定的片段来对一定比例的最差粒子的相应部分进行替换，同时采用第一阶段的方法对外部记忆空间的内容进行更新。萨瓦拉（Zavala）等[46]提出一种基于记忆扰动的粒子群算法。其主要做法是引入两种扰动方法：第一种方法是将当前粒子的 ***pbest*** 与另外两个粒子的 ***pbest*** 对应的每一维的位置信息进行线性叠加生成新的粒子，如果新粒子的适应度比当前粒子的 ***pbest*** 的适应度要更优，则替换掉 ***pbest***；第二种方法是对粒子的 ***pbest*** 的位置以一定概率进行变异，变异后的粒子同样通过比较适应度来确定是否替换掉相应的 ***pbest***。

目前，对于粒子群算法的改进也有基于超启发算法（hyper-heuristic algorithm）来开展的，超启发算法是一种高级的优化策略，它不直接在解空间中搜索最优解，而是在启发算法的空间中进行搜索，以找到解决特定问题的最佳启发式算法或启发式算法的组合。超启发式算法的核心思想是自动化地选择或生成用于解决计算搜索问题的启发式方法。如库利纳斯（Koulinas）等[47]基于粒子群算法设计了 8 种低层的搜索策略，并采用超启发策略从中选择合适的低层搜索策略来完成对目标问题的搜索。

3. **混合算法**

在上述两个分类的算法中，实际上都存在引用其他算法思想的例子，但是其主要做法是以粒子群算法为主体，在某些步骤参考了其他算法的某些具体实现方法以提高算法某方面的性能。而本书将混合算法单独列出主要是考虑到近年来越来越多研究将两种或以上的算法进行有机融合，实现互补从而提升算法的整体性能，在这些算法中，多种算法都以完整或者相对完整的形式出现。

这类算法中的相当部分为同属进化算法的几类算法与粒子群算法结合的混合算法。其中比较有代表性的是粒子群 - 遗传混合算法[48]、粒子群 - 蚂蚁混合算法[49]、粒子群 - 差分进化混合算法[50]、粒子群 - 模拟退火混合算法[51]、粒子群 - 人工免疫系统混合算法[52]、粒子群 - 分布估计混合算法[53]等。此外还有一些将其他的搜索技术结合到粒子群算法中以增强局部搜索能力，如结合了禁忌搜索技术的混合粒子群算法[54]、结合了爬山法的混合粒子群算法[55]、结合了拟牛顿法的混合粒子群算法[56]等。

在混合算法中，值得一提的是一类结合了全局搜索和局部搜索，被称为模因计算（memetic computing）的算法框架。虽然和上述的几种混合算法一样，模因算法通常也涉及两种算法，但是模因算法利用其中一种算法来作为全局的粗糙搜索，在全局搜索的间隙，利用另一种算法针对种群的个体实现局部搜索，使得每一代的所有种群个体或者部分个体获得局部提升，从而提高算法的速度和精度。在粒子群模因算法中，由于粒子群的快速收敛性，有研究将其他现有的算法比如遗传算法作为全局搜索算法，而将粒子群算法作为局部搜索算法[57]。也有研究将粒子群算法作为全局搜索算法，而相应的局部搜索算法则采用了其他现有的算法[58,59]或者新设计的局部搜索算子[60]。

三、单目标粒子群算法理论及应用研究现状

关于粒子群算法的理论研究，具有广泛影响力的是克莱尔克（Clerc）等[61]的研究，他们主要分析了基本粒子群算法中粒子的搜索轨迹，而他们的研究成果为后续的算法改进及参数选择提供了重要的基础。卡迪尔卡马纳坦（Kadirkamanathan）等[62]基于李雅普诺夫稳定性理论和被动系统对粒子群算法的稳定性进行了分析。姜（Jiang）等[63]对标准粒子群算法进行了正则的随机收敛性分析，并提供了粒子群系统的随机收敛条件及相应的参数选择方法。潘（Pan）等[64]定义单个粒子和整个粒子群的状态序列并基于相应的马尔可夫性质来进行分析，最终证明标准粒子群算法能以一定概率收敛到全局最优。栗原（Kurihara）等[65]分析了粒子群算法的收敛性，并应用在了非线性的盲源分离上。

此外，部分研究工作主要是通过收敛性分析来找到现有的粒子群算法所存在的问题及提出相应的解决方案。范登伯格（Van den Bergh）[66]研究得出标准粒子群算法不能保证收敛到全局甚至局部最优点的结论，并在其理论分析基础上提出一种具有较强的局部收敛特性的改进的保证收敛粒子群算法（guaranteed convergence PSO，GCPSO），接着他将该算法扩展到一种多起始点的粒子群算法（multi-start PSO，MPSO）上。理论上，如果粒子群能被无限次地重新产生，GCPSO 能最终收敛到全局最优上。崔（Cui）等[67]也对标准粒子群进行了收敛性分析，并提出了一种随机粒子群算法（stochastic PSO，SPSO），通过对 SPSO 算法的弹道分析，证明了该算法以概率 1 收敛到全局最优解。

除了标准粒子群，有学者也对某些改进粒子群算法提出了相应的收敛性或有效性分析，孙（Sun）等[68]基于概率拟度量空间对量子粒子群算法的收敛性进行了分析，并提出了两种量子粒子群的提升算法。姜（Jiang）等[27]对所提出的贝叶斯粒子群算法中的延缓算子进行了有效性分析。林（Lin）等[69]提出了一种局部和全局搜索组合的粒子群算法，并对其算法进行了收敛性分析。

粒子群算法在提出的近 30 年来在众多领域中得到应用。珀立（Poli）[70]对粒子群算法的应用的综述中将应用领域分为分类及数据挖掘、信号处理等 26 个种类。总体而言，可以将粒子群算法的应用分为对通用的数学问题的研究以及具体的工程实践问题的研究。第一类包括函数优化问题[71]、神经网络的训练问题[72]、组合优化问题[73]等。第二类包含了电力系统中的非线性优化[74]、天线设计[75]、无线传感器网络的设计与优化[76]、模式识别与图像处理[77]、自动控制[78]、机器人的路径规划[79]、经济金融领域的预测与分析[80]、医学数据分析[81]、生物信息处理[82]等。

第三节　多目标粒子群算法研究现状

本节首先对多目标优化的历史和发展进行说明，再分别列举几种较有影响力的多目标粒子群算法，然后对多目标粒子群算法的改进研究、理论研究和应用研究等几方面内容进行说明。

一、多目标优化算法概述

经过多年的发展，多目标优化算法出现了不同的分支，也涌现了大量优秀的算法。总体而言，当前多目标优化问题的解法主要分为间接法和直接法两大类，间接法是将问题以某种方法转换成单目标问题，再采用成熟的单目标优化方法来求解。而直接法的做法是直接求出非支配解，然后从解集合中选择较好的解再应用到具体的工程技术问题上，其典型是多目标进化算法。间接法中的算法数量众多，其中有代表性的包括线性加权和法、平方和加权法、约束法、理想点法、目标规划法和分层序列法等。这些方法在很多具体的工程问题上都得到应用，然而它们也都有着自己的缺陷和对某些问题的不适用性，如线性加权和法对于真实 Pareto 前沿为凸的问题，该方法理论上可保证找到 Pareto 最优解集中的任何一个解，但是当决策空间与目标空间的映射关系为非线性时，所求的解集难以保证均匀分布，而最大的问题是对于真实 Pareto 前沿为凹的问题，该方法不能保证求解。其他的几种方法都存在需要先验知识、权重系数的确定凭经验等问题。因此，在处理复杂的工程问题时，这些传统的算法受到了很大的限制。

而直接法中基于进化计算的多目标策略不需要先验知识和根据经验设置不同目标函数的权重或者优劣关系，并且能在一次并行计算中求解出足够多分布在 Pareto 前沿的解集合，具有解决任意类型的目标函数及相关约束的能力，已经越来越广泛地被应用于多目标优化问题求解。目前围绕着 Pareto 解集的构造，已经产生了多种高效的多目标进化优化算法。

第一个应用于多目标的进化算法是 1985 年谢弗（Schaffer）[83] 所提出的矢量评价遗传算法（vector evaluated genetic algorithms，VEGA）。随后涌现了许多形式各样的多目标进化算法，科埃洛（Coello）[84] 对目前存在的多目标进化算法进行了总结，并将它们分为两代：第一代算法的特点是以简捷的方式来实现寻优，第二代算法的特点则体现在更追求算法的实现效率。精英个体的引入被科埃洛（Coello）认为是两代算法之间的主要区别。第一代算法主要在 20 世纪八九十年代被提出，如高柏（Goldberg）[85]，丰西阿（Fonseca）和弗莱明（Fleming）[86]，斯里尼瓦斯（Srinivas）等[87]，合恩（Horn）和拿坡里欧提斯（Nafpliotis）[88] 等学者所提出的算法。这些多目标进化算法通常采用 Pareto

支配关系进行排序来完成适应值赋值，在保持种群分散性上主要通过小生境或者适应值共享技术。基于这些算法，有学者进一步提出了几种性能更优异和具有更广泛影响力的第二代算法。其中具有里程碑意义的算法是齐格勒（Zitzler）等于1999年提出的强度Pareto进化算法（strength Pareto evolutioanry algorithm，SPEA）[89]，该算法引入了外部精英种群的策略，开启了第二代算法的研究序幕。其他具有代表性的算法还有：齐格勒（Zitzler）等于2001年提出的强度Pareto进化算法2（SPEA2）[90]，诺里斯（Knowles）等于2000年提出的Pareto存档进化策略[91]（Pareto archived evolutionary strategy，PAES）以及改进算法PESA[92]（Pareto envelope-based selection algorithm，PESA）和PESA-Ⅱ[93]，2001年迭布（Deb）等提出的非劣排序遗传算法2（non-dominated sorting genetic algorithm Ⅱ，NSGA-Ⅱ）[94]和埃里克森（Erickson）等提出的小生境Pareto遗传算法（niched Pareto genetic algorithm，NPGA）的改进算法NPGA2[95]等。其中的NSGA-Ⅱ算法具有算法结构简单、实现容易、运算复杂度较低、寻优能力强等优点。作者还撰写了大量的包括测试集、算法评价方法等内容的相关文章和共享了大量的源码，为后来者提供了很好的研究基础。这使得NSGA-Ⅱ算法得到广泛的关注，成为一个被广泛应用于新算法性能的比较研究中的基准算法。

除了上述较早得到关注和发展的多目标遗传算法（multi-objective genetic algorithm，MOGA），在2000年之后其他的进化算法也发展出相应的多目标版本的算法。包括多目标粒子群算法，如科埃洛（Coello）等提出的多目标粒子群优化算法（multi-objective PSO，MOPSO）[96]，拉奎尔（Raquel）和小纳维（Naval Jr）提出的基于拥挤距离的多目标粒子群优化算法（multi-objective PSO based on crowding distance，MOPSO-CD）[97]，塞拉（Sierra）等提出的利用拥挤度、变异和ε支配改进基于粒子群优化的多目标优化算法（improving PSO-based multi-objective optimization using crowding，mutation and ε-dominance，OMOPSO）[98]，内布罗（Nebro）等提出的速度约束的多目标粒子群优化算法（speed-constrained multi-objective PSO，SMPSO）[99]等；多目标蚁群算法，如洽哈苏迪（Chaharsooghi）等提出的多群体多目标蚁群优化算法（multi-colony multi-objective ant colony optimization，MOACO）[100]；多目标模拟退火算法，如班德亚帕德耶（Bandyopadhyay）等提出的基于模拟退火的多目标优化算法（simulated annealing-based multi-objective optimization algorithm，AMOSA）[101]；散点多目标搜索算法，如内布罗（Nebro）等提出的基于散射搜索方法的多目标优化算法（adapting scatter search to multiobjective optimization，AbYSS）[102]；多目标差分进化算法，如罗比奇（Robič）等提出的多目标优化的差分进化算法（differential evolution for multiobjective optimization，DEMO）[103]；多目标分布估计算法，如张（Zhang）等提出的基于参考点的多目标分布估计算法（reference point based multi-objective estimation of distribution algorithm，RM-MEDA）[104]；基于分解的多目标进化算法（multi-objective evolutionary algorithm based on decomposition，MOEA/D）[105]；等等。目前，应该说多目标进化研究在算法种类及在工程

问题的应用上已经相当丰富，研究内容趋向细分，研究层次也从简单的算法改进创新深入到算法的各个组成部分所对应的策略的理论及应用研究上。目前的几个重点研究内容包括：①额外适应度赋值方法研究。为不同的解赋予一个额外的适应度值，有利于进化过程中在多个 Pareto 解中选择更有优势的方案进入下一代。这实质上是一个评价指标的构成和使用的相关策略，也出现了一些新算法以这些评价指标值作为进化选择的准则，如齐格勒（Zitzler）等提出的基于指标的多目标搜索选择方法（indicator-based selection in multiobjective search，IBEA）[106]等。②种群剪枝策略研究。采用严格的 Pareto 支配关系去除每次进化中生成的种群中超出规模的部分，会在一定程度上导致算法退化[107]，采用弱化 Pareto 支配关系，如 ε - 支配关系[98]，能在一定程度上消除这种影响。③混合算法研究。研究通过结合传统的数值优化算法（如基于梯度信息的共轭梯度法、利用位置信息的坐标轮换法等），或者将两种具有一定互补性的进化算法进行混合多目标进化算法的设计和优化。④理论研究。包括构造测试函数、算法性能评价指标和算法收敛性的证明等。

二、几种多目标粒子群算法

由于多目标粒子群算法并没有一种被广泛认可的标准算法，本节主要对其中几种比较有影响力的算法进行说明。截至本书成书时，在谷歌学术上的搜索结果表明这些算法的他引数都超过了 300 次。

多目标粒子群算法的多种实现形式与其他多目标进化算法实现方法的基本思路一致。如帕索普洛斯（Parsopoulos）等[108]基于不同的权重将多目标优化问题映射成一系列单目标优化问题再进行求解，胡（Hu）等[109]将多个目标按照重要程度顺序来进行优化，周（Chow）等[110]采用分群的方式来分别优化单个目标，科埃洛（Coello）等[96]基于 Pareto 最优的方法实现多目标问题的求解。基于 Pareto 最优的方法能在单次运行中生成一组解集且求解效果较好，是多目标粒子群算法的主流实现方法。下面要介绍的几种多目标粒子群算法均基于 Pareto 最优的方法。

科埃洛（Coello）等于 2002 年提出的 MOPSO 算法[96]具有较为广泛的影响力。该算法的核心思想包括：①基于 Pareto 最优概念来比较解之间的优劣关系；②采用一个外部档案来存放所有粒子搜索历史中的较优解；③使用了变异算子；④采用超立方体对解的密集程度进行评估以保持外部档案中解的分散性，同时也为粒子位置更新时的 ***gbest*** 的选取提供准则。

该算法采用的粒子的位置更新方程与式（1 - 6）一致，而粒子速度更新公式为：

$$\boldsymbol{vel}_i^{t+1} = \omega \times \boldsymbol{vel}_i^t + \boldsymbol{r}_1(\boldsymbol{pbest}_i^t - \boldsymbol{x}_i^t) + \boldsymbol{r}_2(\boldsymbol{rep}_h^t - \boldsymbol{x}_i^t) \tag{1-17}$$

其中$\boldsymbol{rep}_h^t$是从外部档案中选择的 ***gbest***，具体而言是首先将外部档案分为若干个超球体，并根据其中的粒子数对超球体分配一个适应度，粒子数越多适应度越低，再采用锦标赛的方式从两个超球体中选择一个，最后从胜出的超球体所包含的所有粒子中随机选择一个粒子作为 ***gbest***（即 Leader）。

MOPSO 算法的伪代码如算法 1 - 2 所示。

```
Procedure of MOPSO
    For i = 1 to swarm size N
        randomize the position of each particle x[i];
        initiate the velocity of each particle v[i] = 0;
        evaluate x[i];
        pbest[i] = x[i];
    Endfor
    store the non-dominated vectors found in x into external archive;
    generate hypercubes of the search space explored so far;
    Repeat
        assigned a fitness to the hypercubes;
        For i = 1 to swarm size N
            select the leader from external archive;
            update v[i] with Eq. (1 - 17);
            update x[i] with Eq. (1 - 6);
        Endfor
        For i = 1 to swarm size N
            evaluate x[i];
            If x[i] < pbest[i] Then pbest[i] = x[i];
        Endfor
        store the non-dominated solutions into external archive;
        If the size of external archive > the maximum size of external archive
            filter out the external archive contains particles located in less populated areas;
        Endif
    Until maximum number of iterations is reached
```

算法 1 - 2 MOPSO 算法伪代码

李（Li）[111] 于 2003 年基于 NSGA-Ⅱ提出了一种基于非支配排序的多目标粒子群算法（non-dominated sorting PSO，NSPSO），每次更新粒子的位置后，将新生成的粒子和其上一代粒子，以及所保存的所有 ***pbest*** 都放到一个池内，并对池内的所有方案进行非支配排序，选择排序靠前的粒子进入下一代。

拉奎尔（Raquel）等[97] 于 2005 年提出了 MOPSO-CD 算法，其算法流程与科埃洛（Coello）所提出的 MOPSO 算法类似，主要对科埃洛（Coello）算法的第四点进行了优化，采用了目标空间的拥挤距离（crowding distance）的方式来评估解的密集程度并据此来保持外部档案中解的分散性和选取 ***gbest***，这种对目标空间的解的分布密度进行评估的方法源自 NSGA-Ⅱ算法，具有计算简单、不需要预先设置参数等优点。

塞拉（Sierra）等于 2005 年提出了 OMOPSO 算法[98]，是在科埃洛（Coello）所提出的 MOPSO 算法基础上进行了改进，其核心思想包括：①采用和 MOPSO-CD 算法一致的解密度评估方法，基于拥挤距离来保持外部档案中解的分散性及选取 ***gbest***；②将粒子群分为三个子群，其中一个子群不使用变异算法，其余两个子群分别采用均匀变异算子、非均匀变异算子的方式进行扰动，提高粒子的全局搜索能力；③使用第二个外部档案来存放最终解，而且这个外部档案的进入条件是不被任何其他解 ε - 支配，这样可以通过调整 ε 参数的方式来控制最终解的规模。ε - 支配的定义如下：

定义 1.6　ε - 支配：对于在决策空间 R^D 的两个向量 $\boldsymbol{x}$ 和 $\boldsymbol{y}$，$\boldsymbol{x}\varepsilon$ - 支配 $\boldsymbol{y}$，即 $\boldsymbol{x} <_{\text{epsilon}} \boldsymbol{y}$ 当且仅当

$$\begin{gathered}\forall i \in \{1,\ \cdots,\ m\},\\ f_i(\boldsymbol{x})/(1+\varepsilon) \leqslant f_i(\boldsymbol{y}) \wedge \exists j \in \{1,\ \cdots,\ m\},\\ f_j(\boldsymbol{x})/(1+\varepsilon) < f_j(\boldsymbol{y})\end{gathered} \tag{1-18}$$

三、多目标粒子群算法改进研究现状

上面讨论的几种较为重要的多目标粒子群算法提出的时间较早，随着多目标优化相关技术的发展，也出现了一些新型的多目标粒子群算法。下面将从三个方面来对多目标粒子群算法的主要改进研究热点及进展进行介绍。

（一）外部档案

粒子群算法被扩展到多目标优化后，为了保存已经搜索到的优秀位置，一种被称为外部档案（external archive）的第二种群被用来存储在搜索过程中已经找到的优秀解。目前外部档案已经成为多目标粒子群算法的一个标准机制。围绕着外部档案的研究主要针对外部档案成员的维护和外部档案信息利用以及进一步的处理。

1. 外部档案维护策略

优秀解在进入外部档案前会经过一定的测试，而已经在外部档案中的解基于某种准则如果被认为不如新生成的解，则会被丢弃。在多目标粒子群算法中，大多数采用的是基于 Pareto 最优的方法，两个解之间的优劣关系主要取决于是否为支配关系。如果两个解之间是非支配关系，则需要引入第二准则，或者说是以解的综合适应度值来确定解的优劣关系。除了本节第二目所述的 MOPSO 算法[96]的目标空间超立方体划分方法、MOPSO-CD 算法[97]和 OMOPSO 算法[98]的拥挤距离（crowding distance）外，王（Wang）等[112]提出了利用优先顺序（preference order）来对外部档案中的解进行评估的方案，具体做法是将所有的目标值分为几个子集，再依据每个解在这些子集上的非支配程度进行排序。特里帕蒂（Tripathi）等[113]引入了密度参数的概念，密度较小的解被认为是更优

的。这些策略大部分都是为了保持外部档案中解的分散性，以期在搜索过程中增强粒子的开发能力，并最终输出一个具有优良分散性的解集。其中的拥挤距离因具有计算简单且能够较有效地实现解的分散性等优点而被后来提出的众多算法采纳[114,115]。

2. **外部档案信息利用**

外部档案上的信息对于多目标粒子群算法的搜索具有重要的价值。粒子群算法中的社会认知项是非常重要的，而该项主要由全局最优 ***gbest***（即 Leader）来确定。在单目标粒子群算法中，***gbest*** 是唯一的，只需要比较所有粒子的适应度即可得出，然而在多目标优化中，在某次迭代中的最优粒子可能有多个。目前的大多数多目标粒子群算法是从外部档案中选择较优的粒子来充当 Leader。一般来说，为了保证解的分散性，每个粒子对应的 Leader 都是单独选择的。在 MOPSO-CD 算法[97]和 OMOPSO 算法[98]中，外部档案中的所有粒子首先基于拥挤距离排序，再从拥挤距离较大的部分粒子中随机选择一个作为 Leader。埃尔霍西尼（Elhossini）等[116]则提出用锦标赛法在外部档案中基于相应的强度 Pareto 适应度选择一个粒子来担任 Leader。而在林（Lin）等[115]的研究中，则是随机从外部档案中选择一个成员担任某个粒子的 Leader。

在林（Lin）等[115]的研究中，等除了 ***gbest*** 之外，粒子的个体最优（***pbest***）也是从外部档案中选取的。

3. **外部档案个体独立进化**

一般情况下，粒子群算法中进化的主体是群中的粒子，而作为第二种群的外部档案中的粒子自身一般保持不变。为了提升粒子群的分散性以避免陷入局部最优，有些研究提出了外部档案中成员的独立进化策略[114,115]。在詹（Zhan）等[114]的研究中，外部档案的每个成员都被添加了一个符合高斯分布的变异变量以生产一组新的粒子。新产生的粒子和原有外部档案的成员以及粒子的所有 ***pbest*** 都被放入到一个比较池中，并且新的外部档案从该比较池中择优产生。在林（Lin）等[115]的研究中，对外部档案中的每个成员都进行了交叉和变异等进化操作，再从新生成的个体中择优加入到外部档案中。

（二）引入其他算法的元素

随着对多目标粒子群算法研究的不断推进，学者发现将其他算法和粒子群算法结合起来能克服这些算法固有的一些问题。混合算法主要可以分为两类：第一类是将两种或者多种算法的主要部分进行结合，常见的做法是将算法分为不同的阶段，在不同的阶段应用不同的算法，或者采用前述的模因计算的框架，将两种算法交替执行；第二类是将某些算法的部分组件引入到另外一种算法中，主要起辅助的作用，如将某种算法的某个算子应用到另外一个算法的某个步骤中，以期提高某方面的性能，这也包括了前述的外部档案个体独立进化的相关策略。

第一类算法中较为典型的是遗传算法和粒子群的混合算法。这种混合算法吸收了两种算法互补的优点，在某些大规模的优化问题上，遗传算法由于需要较大的目标函数值计算数来实现收敛从而导致沉重的计算负担，而结合粒子群算法能加快收敛。埃尔霍西尼（Elhossini）等[116]提出了用三种粒子群遗传混合算法来解决不同的多目标优化算法，这些算法的核心思想都是利用粒子群算法实现局部搜索。第一种算法在遗传算法中的交叉及变异算子之后插入了粒子群的位置更新操作。第二种算法先运行遗传算法直到某个条件被满足，再运行粒子群算法至算法结束。第三种算法是先运行粒子群算法直到某个条件被满足，再运行遗传算法至算法结束。实验结果证明最后一种算法具有总体最优的性能。除了遗传算法，还出现了差分进化和粒子群算法的混合多目标优化算法[117,118]等。此外，采用模因计算框架的混合多目标粒子群算法[119]也吸引了一些学者的注意。

第二类算法中，针对多目标粒子群算法，常见的是利用遗传算法等其他进化算法中的某些算子来改善粒子的搜索性能。下面列举几种主要的算子：

1．变异算子

由于粒子群算法容易出现早熟收敛，而变异算子应用到粒子的位置项或者速度项上能在一定程度上提高粒子分布的多样性，从而在某种程度上克服早熟。莫斯塔吉姆（Mostaghim）和泰克（Teich）[120]提出了一种简单的变异算子，该算子简单地为每个粒子的位置增加一个随机生成的值。塞拉（Sierra）等[98]使用了均匀及非均匀变异算子来保持外部档案中非支配解的分散性。内布罗（Nebro）等[99]和林（Lin）等[115]应用了多项式变异算子来实现对粒子位置的扰动以提高粒子的全局搜索能力。詹（Zhan）等[114]则采用了高斯变异算子。

2．交叉算子

交叉算子能增强粒子群算法中粒子的搜索能力，孙（Sun）等[121]使用了内部交叉算子来增强在已知区域的深度搜索，而且用外部交叉来增强算法对未知区域的探索能力。刘（Liu）等[122]应用了基于均匀设计的交叉算子来探索 Pareto 前沿中分散的部分。林（Lin）等[115]则采用了模拟二进制交叉算子来实现外部档案中个体的信息交换。

3．转座子

转座子又称为跳跃基因，是文（Man）等[123]提出的一种为遗传算法设计的新型算子，该算子也被王（Wang）等[124]应用到多目标粒子群算法上，具体做法是将每个粒子位置矢量看作一个染色体，在其上进行转座子操作以提高算法的全局搜索能力。

4．差分进化算子

差分进化是一种简单的进化算法，该算法将种群个体编码成向量，并进行向量合成、尺度变换以及不同向量之间的组件交换等操作[125]。维克拉马辛哈（Wickramasinghe）和李（Li）[126]利用差分进化中生成测试向量的方法来为每个粒子生成相应的 Leader。这能提升算法逃出局部最优点的能力。

（三）下一代种群的生成方法

这部分内容主要涉及如何在前一代种群或者外部档案中选择合适的粒子，或者直接进入下一代种群，或者基于某些策略对这些粒子进行改变来生成下一代种群。早期的多目标粒子群算法的下一代种群的生成方法与单目标粒子群算法类似，即将前一代种群的粒子更新后直接变成下一代种群。然而，随着研究的深入，有研究者发现可以利用外部档案中存储的精英粒子或者对前一代种群的粒子择优来充当下一代种群，以提高算法的性能。在 NSPSO 算法[111]中，将位置更新后的粒子以及粒子的 ***pbest*** 合并后进行排序，然后选择其中的优秀粒子进入下一代。卡布瑞拉（Cabrera）和科埃洛（Coello）[127]提出了一种微种群的多目标粒子群算法。基于很小的种群规模（如 5 个粒子），该算法使用两个外部档案，一个保存最终的非支配解而另一个保存粒子的搜索历史。每一代的种群都通过在第一个档案中选取 Leader，再在第二个档案中选取 Leader 的若干个最近邻来组合生成。

四、多目标粒子群算法理论及应用研究现状

目前针对粒子群算法的理论研究主要集中在单目标粒子群算法上，多目标粒子群算法的相应理论研究成果较少，主要是对影响算法性能的某一个或者几个方面的因素进行相应的分析，其中较有代表性的是查克拉博蒂（Chakraborty）等[128]对控制参数如惯性权重和加速系数等对多目标粒子群算法收敛到 Pareto 前沿的行为进行的分析。这也从一个侧面说明多目标粒子群算法相关的理论研究具有一定难度，也是研究人员值得深入开展工作的一个方向。

而在应用研究方面，2013 年，拉尔瓦尼（Lalwani）等[129]对多目标粒子群的应用进行了详细的综述，将应用领域分为城市规划、数据挖掘、工业工程问题、工作流优化、图像处理、航天工程、机器人的路径优化、软件工程、神经网络训练等 16 个种类。总体而言，在多目标粒子群算法和单目标粒子群的应用中出现了大量交叠的领域，因为某些问题在某个需求和假设下是单目标优化问题，但是在另外一个需求和假设的前提下有可能被映射到一个多目标优化问题。

第四节　本书结构安排

本书以粒子群算法的自学习模型为主线，所有的算法改进和应用都基于这个思路，内容覆盖了单目标优化和多目标优化。主要涉及的自学习模型包括以下三种：

1. 模型 1：个体适应度关系学习

该模型能从当前搜索种群中个体在适应度上的相互关系中学习精英解模式，或者是根据个体在适应度上的相互关系对其后续的搜索趋势进行预测，本书提出了精英提升、精英播种、精英重组学习等三种适应度关系学习策略并应用到函数优化、电力经济负荷

分配、神经网络训练等问题的求解上。

2. 模型2：个体访问位置信息学习

该模型通过获知搜索种群的个体访问位置历史来避免种群对之前所访问过的搜索空间中位置的再次访问（revisit，重访）。个体访问位置信息通常包含大量分散的非结构化数据，而为了让后续搜索中的个体能快速对这些信息进行学习，需要采用简单有效的数据组织方式，本模型主要通过二进制空间分割树来存储所有访问过的位置，从而实现高效的数据新增和信息查找。

3. 模型3：子群搜索模式增强学习

当算法的搜索种群分为若干子群，并分别执行不同的搜索模式时，可以通过学习搜索过程中子群的个体适应度的优劣关系及变化，来判断哪项搜索模式更适合当前问题在当前阶段的求解，并调整其子群的规模，提高算法求解问题的效率。子群搜索模式增强学习采用概率模型来确定多种搜索模式用于更新搜索种群中个体的相应频率，而该概率模型在算法迭代的过程中不断地根据个体搜索的结果来调整，实现了搜索种群在交互式环境中通过试验及反馈来进行学习，使得算法具有更高的智能性。

基于以上三种自学习模型来对粒子群算法进行改进提升，得到了多种自学习型粒子群算法。其中，第二章和第三章是基于模型1的精英提升策略所提出的改进粒子群算法，并且通过对无约束的函数优化问题的求解来验证算法性能。第四章基于精英提升策略提出了求解工程实践问题——电力经济负荷分配的算法。第五章研究的是多目标优化问题，基于模型1的精英播种策略而提出了一种改进多目标粒子群算法，并通过函数优化问题来验证算法的性能。第六章基于模型1的精英重组学习模型提出了一种粒子群混合算法，并且应用到神经网络训练问题的求解上。第七章基于模型2的避免重访策略提出了一种改进粒子群算法，并应用到图像多阈值分割上。第八章是基于模型3的子群搜索模式增强学习策略而提出了一种自学习型粒子群混合算法，并通过对函数优化问题的求解来验证算法性能。

各章算法的核心思想之间有交叉和相通之处，这些内容相互之间的关系如图1-1所示。

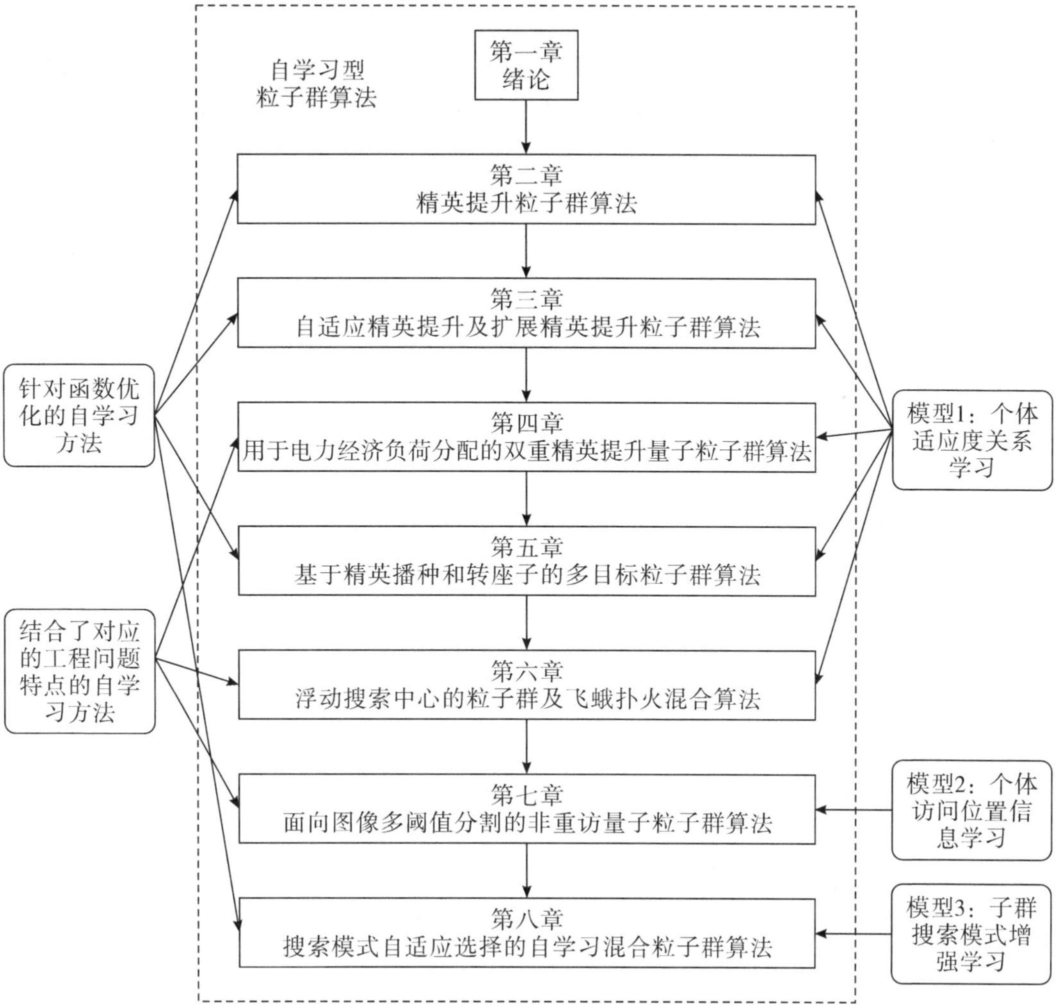

图 1－1　本书结构简图

第一章是绪论，阐述了本书的研究意义，介绍了最优化及多目标优化的概念，单目标和多目标粒子群算法的研究现状，最后给出了本书的结构安排及主要创新点。

第二章，针对目前粒子群算法及主要改进算法存在的问题，基于个体适应度关系学习模型提出一种适用于单目标粒子群算法的精英提升策略。该策略在恰当的时机，将粒子群算法运行过程中产生的精英个体基于某些特定算子进行重构来生成新个体，并利用这些新个体中的优胜者来对精英个体进行替换达到提升精英个体质量的目的，从而提高算法的全局搜索能力。四种算子与该策略结合应用到标准粒子群算法和量子粒子群算法的改进上，文中首先对四种算子的搜索性能进行了分析，再通过与基线算法的实验对比验证了精英提升策略的有效性。实验中效果较优的两种算法在进一步与其他几种先进算法的对比中，表现出了在求解精确度、稳定性和收敛速度等方面的明显优势。

第三章，在第二章所提出的精英提升策略的基础上，提出改进的两种精英提升策略，包括自适应精英提升策略及扩展精英提升策略。自适应精英提升策略主要是针对在精英提升粒子群算法中每次迭代都要进行精英提升操作，而部分精英提升操作可能存在效率较低，没法提升种群质量问题而提出的。主要引入了自适应的策略来设置精英提升的频度，从而提高了精英提升操作的效率。而扩展精英提升策略则进一步通过从空间上扩展精英解的范围，使精英提升操作的基础种群包含更多高质量且具有多样性的个体，提高精英提升操作的效率。这两种改进的精英提升策略分别整合到量子粒子群算法上，并分别在测试函数集上进行了实验。实验结果表明本章所提出的两种算法分别在相应的测试函数集上具有出色的寻优能力、收敛速度及稳定性。

第四章，面向工程实践中的电力经济负荷分配问题，开发出具有针对性的基于个体适应度相互关系学习的量子粒子群改进算法。首先在第二章所提出的精英提升策略的框架内，结合电力经济负荷分配问题自身的特点提出了一种双重精英提升的策略，然后针对问题的复杂多约束条件提出了一种改进的、具有较低运算负荷的启发式约束处理方法，同时还引入了一种全新的、与启发式约束处理方法配合使用的粒子群 ***pbest*** 和 ***gbest*** 的更新方法，从而在三种典型算例上的计算中得到与文献中众多先进的算法相比更优秀的解。

第五章，提出一种适用于多目标粒子群的个体适应度相互关系学习方法——精英播种策略，并在此基础上实现了一种基于精英播种和转座子的多目标粒子群算法。该算法从运行过程中最重要的记忆信息——外部档案中选取了部分精英粒子并应用以转座子为主的若干种算子来生成新种群。此外，为了提高粒子的搜索效率，文中还引入了一个周期惯性权重方案。仿真实验结果表明了与三种先进的多目标优化算法相比，该算法所生成的解集在收敛性和均匀分散性上都具有竞争力。

第六章，面向神经网络分类器训练的优化问题，提出了一种个体适应度相互关系学习方法——精英重组学习策略，并在此基础上实现了一种基于粒子群算法和飞蛾扑火算法的混合算法。算法通过对粒子群算法中的全局最优解 ***gbest*** 和个体最优解 ***pbest*** 进行组合再结合其他搜索策略来形成新的解，进而将所生成的新的解与原有种群合并来对种群进行更新，并且也将所生成的新的解与精英解集合并来对精英解集进行更新。通过对比实验验证了算法用于优化多层感知机（multi-layer perceptron，MLP）分类器训练的有效性和效率。

第七章，面向图像多阈值分割问题，对算法迭代运算过程中个体对搜索空间的访问进行统计以获取算法运行阶段的知识，进而避免重复访问以提高计算效率，并在合适的时机自动停止算法，并通过将一种精细搜索算子引入量子粒子群算法来设计混合搜索策略，有效提升了批量处理图像的效率和效果，开启了一个低运算资源需求的图像自动批量处理的研究方向。

第八章，基于子群搜索模式增强学习的思路将粒子群算法和樽海鞘群算法进行结合，设计多种并行的搜索策略，同时还基于搜索的胜率来设定多种不同的搜索策略的选择概率，从而实现了一种基于多种搜索策略的自组织算法，在测试函数集上的实验结果表明了该算法的寻优能力和收敛速度都得到明显的提升。

第二章　精英提升粒子群算法

本章提出一种针对单目标粒子群算法的自学习方法——精英提升策略，利用粒子群算法运行过程中每个粒子的历史个体最优所组成的精英种群，也是算法的主要记忆信息来生成一组新的候选个体，并将更优秀的候选个体对原有的精英个体进行替换，以提升精英群体的质量，从而提高算法的全局搜索能力。这是从当前搜索种群中个体在适应度上的相互关系中学习精英解模式的思路。本章研究了多种精英提升算子并分析了这些算子的搜索能力，然后将该策略在标准粒子群算法及量子行为粒子群算法上进行了应用，在两组被广泛使用的测试函数集上对不同的精英提升算子的性能进行了对比，并将实验效果较佳的基于转座子算子的精英提升量子行为粒子群算法以及基于差分进化算子的精英提升量子行为粒子群算法分别与四种先进算法进行了比较。实验结果表明，本章所提出的两种算法分别在相应的测试函数集上具有更出色的寻优能力、收敛速度及稳定性，这进一步验证了本章所提出的精英提升策略的高竞争力。

第一节　精英提升策略

本节将对精英提升策略的核心思想及实现流程进行说明，并针对精英提升算子的搜索能力进行分析。

一、精英提升策略的核心思想

从进化机制上看，粒子群算法采取的是双种群策略，一个是搜索种群即通常所说的粒子群，另一个则是由粒子的自身最优及整个粒子群的全局最优构成的精英种群。对于第一个种群，在每次的位置更新中不需要进行选择，每个粒子在一次迭代进化操作后会被保留并且参与到下一次的迭代进化中，而在更新精英种群时则存在着最大的选择压力，在当前个体和精英种群的相应个体中是最优的一个被保留而另一个被丢弃。第一个的零选择压力使得种群的多样性得以保持，而第二个的最大选择压力则保证算法的收敛性。这种策略对于相当部分的问题都具有较好的搜索效率，然而针对一些复杂的多峰优化问题，却往往容易导致算法出现早熟收敛。根据对粒子群算法及大多数改进算法的迭代公式的分析，容易发现粒子群算法运行过程中所产生和存储的精英个体，即每个粒子的

pbest 对于粒子行为产生至关重要的影响，从而影响算法的性能。如果这些记忆中的精英个体能避免陷入局部最优，则算法能搜索到更优的解。进一步考虑，我们认为除了用以引导粒子的搜索，这些精英个体自身中蕴含的信息可以被更好地用于帮助提升算法的开发和探索能力，换言之，可以利用这些精英个体以合适的机制来生成在标准的粒子位置更新过程中不容易得到的新个体，从而提升算法的搜索精度和加快算法的收敛速度。

在具体实现上，精英提升策略在算法的迭代运算过程中，用每个粒子的 ***pbest*** 构建成一个精英池，并将精英池中的个体作为父代种群，采用某些基于信息重构的策略生成新的个体。新生成的个体通过与粒子群中相应 ***pbest*** 进行比较并根据一定策略替换以达到提升 ***pbest*** 和 ***gbest*** 质量进而提高算法性能的目的。精英提升策略（elitist promotion strategy）的示意图及伪代码如图 2－1、算法 2－1 所示，示意图中的序号表示执行的顺序。

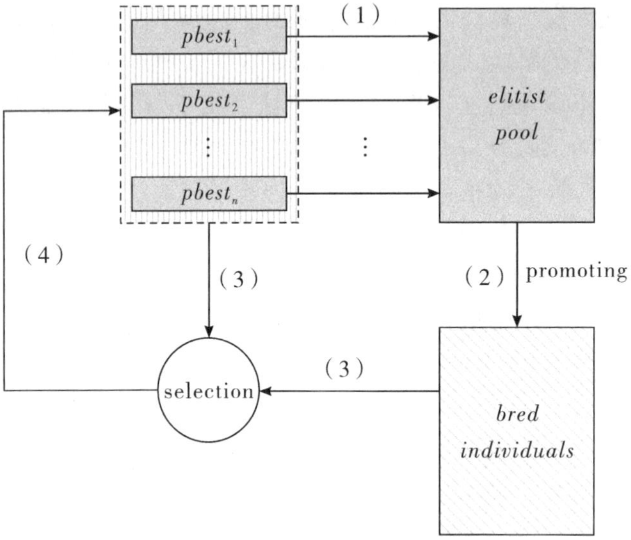

图 2－1　精英提升策略示意图

```
Procedure of Elitist Promotion Strategy
    For i = 1 to swarm size N
        epool[i] = pbest[i];
    Endfor
    epool_eb = EP_OP (epool);
    For i = 1 to swarm size N
        If f(epool_eb[i]) < f(pbest[i])
            pbest[i] = epool_eb[i];
        Endif
    Endfor
    gbest = argmin(f(pbest));
```

算法 2－1　精英提升策略伪代码

从伪代码可以看出来，精英提升操作是从 ***pbest*** 构成的精英池 *epool* 中生成相同数量的新个体（即 *epool_eb*），并且为了保持分散性，*epool_eb* 中的每个成员会与 *epool* 中相同序号的成员比较，如果前者更优则替换后者，否则保持原样。有多种方法可将精英提升策略应用到粒子群算法上，通过实验测试，较为有效的做法是在粒子群算法的迭代运算中穿插运行精英提升操作，本章的研究也正是基于这种方法。其具体实现伪代码如算法 2－2 所示。在此，可以使用一个预先定义的参数 λ 来控制精英提升操作的频率，即每执行 λ 代粒子群的迭代运算后进入精英提升操作。而精英提升操作可以连续进行多次，在此，我们也用一个预先定义的参数 τ 来控制精英提升操作的连续运行次数。这样，每 λ 代粒子群算法自身的迭代运算和每 τ 次精英提升操作组成了一个运行周期，改进的粒子群算法的运行过程由若干个这种运行周期来组成。

```
Procedure of PSO Based on Elitist Promotion Strategy
  For i = 1 to swarm size N
    randomize the position of each particle x[i];
    evaluate x[i]; pbest[i] = x[i];
  Endfor
  Repeat
    gbest = argmin(f(pbest));
    If elitist promotion criterion is met
      perform elitist promotion operation
    Endif
    For i = 1 to swarm size N
      update x[i];
      If f(x[i]) < f(pbest[i])
        pbest [i] = x[i];
      Endif
    Endfor
  Until maximum number of iterations is reached
```

算法 2－2　基于精英提升策略的粒子群算法伪代码

二、精英提升算子

精英提升策略中生成新个体的算子（算法 2－1 第 5 行的 EP_OP 操作）是至关重要的，不同的算子在问题求解中可能得到差别较大的结果，而又根据“没有免费的午餐定理”，无法找到某一个算子对所有问题都具有最优的性能，在此，我们从应用广泛的遗传算法中引入了两点交叉算子和整体算术交叉算子，从多目标遗传算法中引入了转座子算子，从差分进化算法中引入了 DE/rand/1/bin 的差分进化算子。通过对这些算子的研究，为基于精英提升策略框架的粒子群算法设计提供一些指导。

1. 两点交叉算子

两点交叉算子在精英提升策略中的相应执行流程的伪代码如算法 2 -3 所示。

```
Function epool_eb = EP_OP_TPX (epool)
  For i = 1 to N
    parent1 = epool[i];
    randomly select an integer j from 1 to N, and j≠i;
    parent2 = epool[j];
    randomly select two crossover point p1 and p2;
    child = parent1;
    child [p1:p2] = parent2 [p1:p2];
    epool_eb[i] = child;
  Endfor
```

算法 2 -3　精英提升策略中两点交叉算子伪代码

2. 整体算术交叉算子

整体算术交叉算子在精英提升策略中的相应执行流程的伪代码如算法 2 -4 所示。

```
Function epool_eb = EP_OP_WAX(epool)
  For i = 1 to N
    parent1 = epool[i];
    randomly select an integer j from 1 to N, and j≠i;
    parent2 = epool[j];
    randomly generate a D dimensions vector a within [0, 1];
    child = parentl*a + parentl*(1 - a);
    epool_eb[i] = child;
  Endfor
```

算法 2 -4　精英提升策略中整体算术交叉算子伪代码

3. 转座子算子

转座子算子是近年来提出的一种进化算子，并且由于在本书后续内容中也应用了该算子，所以在此首先对其进行介绍。

转座子，也被称为跳跃基因，是受 1983 年诺贝尔生理学或医学奖的获得者芭芭拉·麦克林托克的生物学研究成果[130]启发而提出并首先应用在多目标遗传算法中[131]。唐

(Tang) 等[132]从理论上证明了转座子能提高算法的搜索能力。

目前，转座子已经被广泛应用到现实世界的优化问题中，比如电源电压控制[133]、无线局域网的部署优化[134]及被动电路系统[135]等。

转座子能通过两种方式来移动基因组。第一种操作方法被称为剪切及粘贴（cut-and-paste)，这种操作从染色体中剪切一段 DNA 序列并将其粘贴到另一个地方。第二种操作方法被称为拷贝及粘贴（copy-and-paste)，这意味着染色体的一段基因组被拷贝出来，然后被粘贴到染色体的另一个地方。这两种操作方式可通过图 2－2 和图 2－3 来说明，其具体操作的流程图分别见图 2－4 和图 2－5。

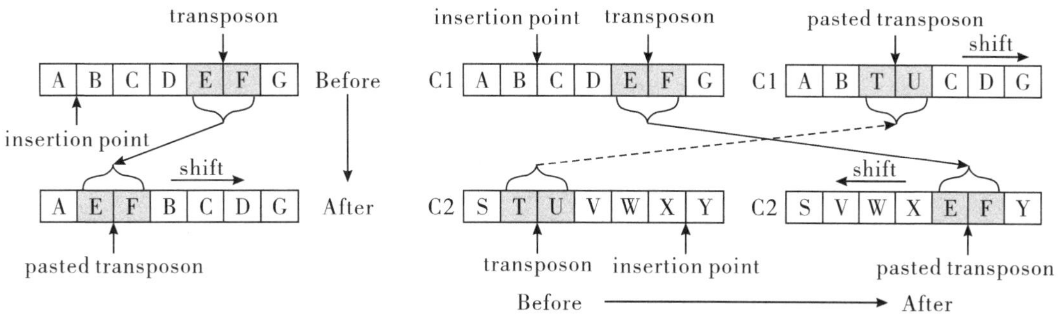

（a）在同一染色体内的cut-and-paste操作　（b）在不同染色体间的cut-and-paste操作

图 2－2　cut-and-paste 转座子操作

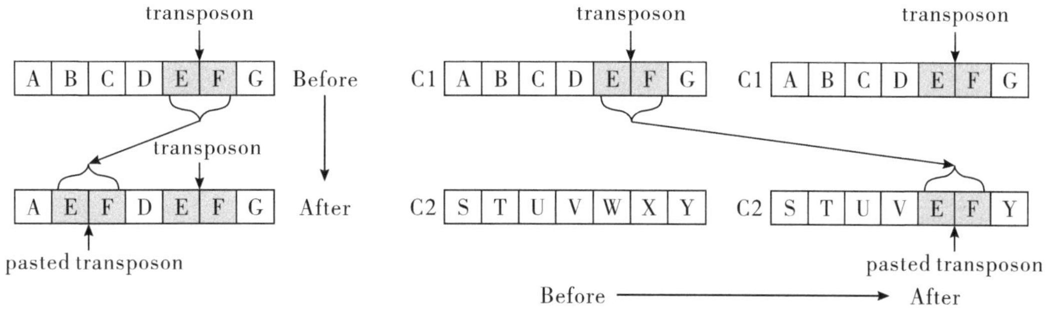

（a）在同一染色体内的copy-and-paste操作　（b）在不同染色体间的copy-and-paste 操作

图 2－3　copy-and-paste 转座子操作

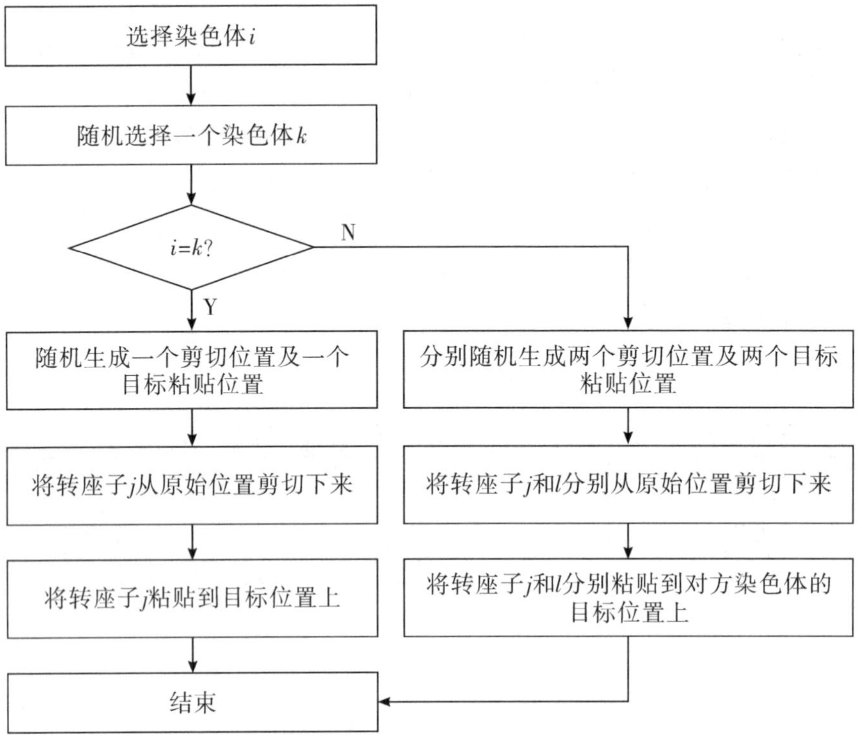

图 2－4　cut-and-paste 转座子操作流程图

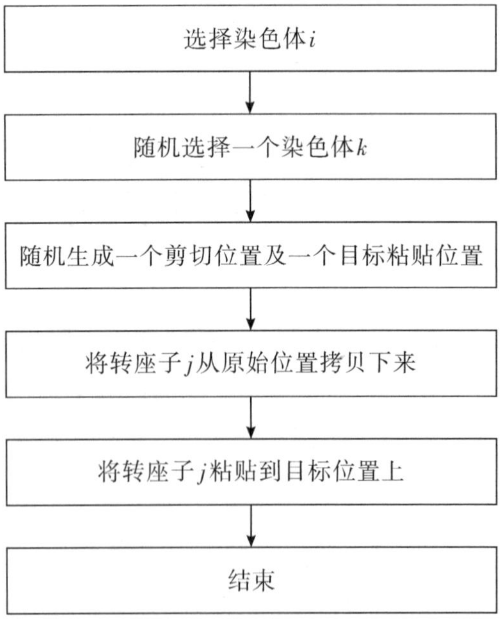

图 2－5　copy-and-paste 转座子操作流程图

理论上已经证明，当种群规模足够大时，转座子能保证二进制编码的染色体中出现所有可能的编码组合，并且剪切及粘贴操作与拷贝及粘贴操作能在有限的种群规模下提高求解的分散性。剪切及粘贴操作为参与操作的粒子带来了比变异算子更大的变异效应，而拷贝及粘贴对粒子的影响类似于变异算子的作用。两种转座子操作都能以一种高效的方式将基因组推到一个合适的位置上以提高算法的搜索效率[136]。

为了将转座子引进粒子群算法，可将每个粒子当成一个染色体，而对于实数编码粒子群算法，采用类似于王（Wang）等[124]的做法，每个粒子以图 2－6 的方式来表示。很明显，转座子操作中染色体的个数与粒子群中粒子的数目是一致的。由于实数编码粒子群算法中每个变量的取值范围可能有所不同，如果直接在其上进行转座子操作可能会导致溢出边界的情况，比如直接将图 2－6 中的 x_6 拷贝到 x_1 的位置上。

boundary constraint		[0, 3]	[1, 2]	[2, 5]	[1, 9]	[0, 8]	[6, 9]
position vector	x	x_1	x_2	x_3	x_4	x_5	x_6
decision variable		2.3	1.2	4.2	6.2	5.9	8.3

图 2－6　表达成染色体的形式的实数编码粒子

为了解决这个问题，基于文献[137]中的做法，在进行转座子操作之前，将每个粒子位置的每个分量归一化成一个对应变量在其取值范围中的比例数值，这个转换公式定义如下：

$$\mathrm{conv}(x)=\frac{x-\mathrm{lb}(x)}{\mathrm{ub}(x)-\mathrm{lb}(x)} \tag{2-1}$$

其中 $\mathrm{lb}(x)$ 及 $\mathrm{ub}(x)$ 分别代表变量 x 的下边界和上边界。当转座子操作完成后，粒子的位置变量信息可以通过以下公式予以恢复：

$$\mathrm{resto}(x)=\mathrm{conv}(x)\times(\mathrm{ub}(x)-\mathrm{lb}(x))+\mathrm{lb}(x) \tag{2-2}$$

精英提升策略中转座子算子的操作流程伪代码在算法 2－5 中。根据转座子在遗传算法中的实现，有三个控制参数是需要事先设定的，包括跳跃率（jumping rate），每个染色体中的转座子个数也即转座子操作次数（number of transposon），以及转座子的长度[131]（length of transposon）。

```
Function epool_eb = EP_OP_TRANS(epool)
  generate the epool_r with the epool based on Eq. (2-1)
  For i = 1 to N
    For j = 1 to number of transposon
      If rand(0, 1) < jumping rate
        C1 = i; C2 = ceil(rand(0, 1) × N);
        If C1 = C2
          If rand(0, 1) > 0.5
            perform cut & paste operation in epool_r [C1];
          Else
            perform copy & paste operation in epool_r [C1];
          Endif
        Else
          If rand(0, 1) > 0.5
            perform cut & paste operation in epool_r [C1] & epool_r [C2];
          Else
            perform copy & paste operation in epool_r [C1] & epool_r [C2];
          Endif
        Endif
      Endif
    Endfor
  Endfor
  restore the individuals from epool_r with Eq. (2-2) and save to epool_eb;
```

算法 2-5　精英提升策略中转座子算子伪代码

4. DE/rand/1/bin 的差分进化算子

差分进化算法的独特之处在于引入了差分变异模式进行迭代搜索，具有较强的全局搜索能力和收敛速率。在精英提升策略中的差分进化算子包括基本差分进化算法的全部内容，即包括差分变异和交叉操作。差分进化算法有多种变化方式，其中雷纳·斯托恩（Rainer Storn）和肯尼斯·普莱斯（Kenneth Price）经过大量实验研究得出 DE/rand/1/bin 和 DE/best/2/bin，这两种方式的性能较优[138]，我们在此选用 DE/rand/1/bin 的差分进化算子。

精英提升策略中差分进化算子的操作流程伪代码如算法 2-6 所示。

```
Function epool_eb = EP_OP_DE(epool)
  For i = 1 to N
    randomly select three integers r1, r2 and r3, and r1≠r2≠r3≠i;
    child = epool[r1] + FC*(epool[r2] - epool[r3]);
    j_rand = ceil(rand(0, 1)*D);
    randomly generate a D dimensions vector a within [0, 1];
    For j = 1 to D
      If a[j] ≤ CR or j = j_rand
        individual[j] = child[j];
      Else
        individual[j] = epool[i][j];
      Endif
    Endfor
    epool_eb[i] = individual;
  Endfor
```

算法 2-6　精英提升策略中差分进化算子伪代码

三、精英提升算子搜索特点分析

从另一个角度看，精英提升实现的是与粒子群算法本身有所区别的一种搜索，接下来拟对几类精英提升算子在搜索中体现出来的不同特性进行分析，以期为解决不同问题时的算法设计提供一些理论的支持，也为后续提出新的精英提升算子提供一个基本的分析思路。

主要研究方法采用集合论对精英提升操作中可能产生新变量的情况进行分析，进而分别得出各种算子的搜索特点。

1. 两点交叉算子

设粒子的维数为 D，则首先考虑一个 D 维变量 $\boldsymbol{r}=(r_1, \cdots, r_D)$，其中 $r_i \in \{pbest_{1,i}, pbest_{2,i}, \cdots, pbest_{N,i}\}$，$i=1, 2, \cdots, D$；易得 $\boldsymbol{r}$ 有 N^D 种取值组合，设 $\boldsymbol{r}$ 的所有取值组成的集合 $\mathbf{RX}=\{\boldsymbol{r}=(r_1, \cdots, r_D) \mid \boldsymbol{r}_i \in \{pbest_{1,i}, pbest_{2,i}, \cdots, pbest_{N,i}\}, i=1, 2, \cdots, D$，则根据两点交叉算子的定义，精英种群经过两点交叉之后所生产的子代成员都包含在集合 **RX** 中，并且不论精英提升操作连续迭代运行多少次，都满足这一点。由此我们也得出了基于两点交叉算子的精英提升操作特点：①精英提升操作所产生的不同取值组合个体最多有 N^D 个，除去 N 个粒子 ***pbest*** 的初始值，新个体的个数最多有（N^D-N）个，并且这些新个体的每个分量取值由精英种群在精英提升操作前的初始状态所决定；②新个体的每个分量都来自初始精英个体的相同序号的分量，属于平行的信息交互。

2. **整体算术交叉算子**

两个父代成员分别为$\boldsymbol{p_1}=(p_{1,1}, p_{1,2}, \cdots, p_{1,D})$和$\boldsymbol{p_2}=(p_{2,1}, p_{2,2}, \cdots, p_{2,D})$；假设$a_i$是在（0，1）内均匀独立生成的随机数，其中$i=1, 2, \cdots, D$，则子代成员的生成基于以下两个式子：

$$s_{1,i}=a_i p_{1,i}+(1-a_i)p_{2,i}=p_{2,i}+a_i(p_{1,i}-p_{2,i}) \tag{2-3}$$

$$s_{2,i}=a_i p_{2,i}+(1-a_i)p_{1,i}=p_{1,i}+a_i(p_{2,i}-p_{1,i}) \tag{2-4}$$

易得子代成员向量的分量$s_{1,i}$和$s_{2,i}$的取值都介于$p_{1,i}$和$p_{2,i}$之间，在此也考虑一个D维变量$\boldsymbol{r}=(r_1, \cdots, r_D)$，并记$\boldsymbol{r}$的每个变量分量的下界和上界分别为$\boldsymbol{l}=(l_1, \cdots, l_D)$和$\boldsymbol{u}=(u_1, \cdots, u_D)$，即$l_i\leqslant r_i\leqslant u_i$，$l_i=\min(pbest_{1,i}, pbest_{2,i}, \cdots, pbest_{N,i})$；$u_i=\max(pbest_{1,i}, pbest_{2,i}, \cdots, pbest_{N,i})$，$i=1, 2, \cdots, D$。设集合$\mathbf{RX}=\{r=(r_1, \cdots, r_D) \mid l_i\leqslant r_i\leqslant u_i, i=1, 2, \cdots, D\}$，则根据整体算术交叉算子的定义，精英种群经过整体算术交叉之后所生产的子代成员都包含在集合 **RX** 中，并且不论精英提升操作连续迭代运行多少次，都满足这一点。由此我们也得出了基于两点交叉算子的精英提升操作的特点：①精英提升操作所产生的个体的每一个分量都限制在一个区域内，并且这些区域是由精英种群在精英提升操作前的初始状态所决定的；②新个体的每个分量的取值范围由精英个体相同序号的分量来决定，也属于平行的信息交互，但是与两点交叉算子不同的是，新个体的每个分量的取值可能与原有的精英个体相同序号的分量不相同。

3. **转座子算子**

由于转座子算子实际操作的是变量在其取值范围内所占的比例，根据式（2-1），可将$\boldsymbol{pbest}_j=(pbest_{j,1}, \cdots, pbest_{j,D})$，$j=1, 2, \cdots, N$，转换为相应变量在其取值范围内所占的比例$\boldsymbol{o}_j=(o_{j,1}, \cdots, o_{j,D})$，$j=1, 2, \cdots, N$。记集合$\mathbf{RO}=\{o_{1,1}, \cdots, o_{1,D}, o_{2,1}, \cdots, o_{2,D}, \cdots, o_{N,1}, \cdots, o_{N,D}\}$，并设精英个体的每个变量分量的下界和上界分别为$\boldsymbol{l}=(l_1, \cdots, l_D)$和$\boldsymbol{u}=(u_1, \cdots, u_D)$，同时引入一个差值向量$\boldsymbol{d}=\boldsymbol{u}-\boldsymbol{l}=(u_1-l_1, \cdots, u_D-l_D)$。则对于每个精英个体而言，其变量比例经过转座子操作之后，可以用一个D维变量$\boldsymbol{r}=(r_1, \cdots, r_D)$来表示，其中$r_i\in\mathbf{RO}$，$i=1, 2, \cdots, D$，易得$\boldsymbol{r}$有$(N*D)^D$种取值组合。而个体的变量比例利用式（2-2）进行恢复之后，最终生成的个体可以用D维变量$\boldsymbol{v}=\boldsymbol{r}\cdot\boldsymbol{d}+\boldsymbol{l}$来表示。明显可得$\boldsymbol{v}$和$\boldsymbol{r}$是具有一一对应关系的。则设穷举所有$\boldsymbol{r}$的取值得到的组合$\mathbf{RT}=\{\boldsymbol{r}=(r_1, \cdots, r_D) \mid \boldsymbol{r}_i\in\mathbf{RO}, i=1, 2, \cdots, D\}$，则根据转座子算子的定义，精英种群经过转座子运算之后所生产的子代成员的变量比例取值都包含在集合 **RT** 中，并且不论精英提升操作连续迭代运行多少次，都满足这一点。由此我们也得出了基于转座子运算的精英提升操作的特点：①精英提升操作所产生的个体最多有$(N*D)^D$个，除去N个粒子各自的 ***pbest*** 初始值，新个体的个数最多有$(N*D)^D-N$个，并且这些新个体的每个分量取值由精英种群在精英提升操作前的初始状态所决定；②新个体的每个分量的取值不仅受初始精英个体的相同维数的变量比例的影响，还受不同维数的变量比例的影响，属于平行和垂直兼有的信息交互。

4. **差分进化算子**

我们这里讨论 DE/rand/1/bin，对于种群中的个体$\boldsymbol{p}_j$，该算子从种群除了$\boldsymbol{p}_j$外的所有成员中随机选择三个不重复成员（向量），并将两个成员的等位分量的差乘以一个尺度系数，再作为变异向量加到第三个成员上得到新个体$\boldsymbol{v}_j$，然后将当前的个体$\boldsymbol{p}_j$与$\boldsymbol{v}_j$进行交叉得到$\boldsymbol{u}_j$。由于选择参与生成$\boldsymbol{v}_j$的三个成员不能包含当前个体$\boldsymbol{p}_j$，因此对于个体$\boldsymbol{p}_j$考察一组特定的集合$\mathbf{H}_{j,i}=\{pbest_{1,i}, \cdots, pbest_{j-1,i}, pbest_{j+1,i}, \cdots, pbest_{N,i}\}$，$i=1, 2, \cdots, D$，进一步定义运算符 s_dif（**SET**）为剔除掉集合 **SET** 中所有的有序三元组中包含任意两个或三个相同元素的成员之后的集合，定义运算符 s_de（**SET**，*FC*）为求集合 **SET** 中每个有序三元组中的后两个元素之差再乘以 *FC* 之后与第一个元素相加得到数的集合。则集合$\mathbf{G}_{j,i} \triangleq$s_de（s_diff（$\mathbf{H}_{j,i}\times\mathbf{H}_{j,i}\times\mathbf{H}_{j,i}$），*FC*），$i=1, 2, \cdots, D$（其中常数 *FC* 为尺度系数，×表示集合的笛卡尔积）包含了 DE/rand/1/bin 操作中针对种群中的个体$\boldsymbol{p}_j$产生的变异向量的第 i 维的分量所有可能出现的值。设$\mathbf{RD}_j$为穷举$\boldsymbol{u}_j$所得到的集合，由于差分进化采用的是一个向量作为整体实现差分运算，所以当变异之后的个体$\boldsymbol{v}_j$的一个分量的生成方式（由哪三个向量的相应分量差分运算得到）确定后，其他分量的生成方式也确定了。所以任意一个集合$\mathbf{G}_{j,i}$（$i=1, 2, \cdots, D$）中的元素个数与个体$\boldsymbol{v}_j$的所有取值组合的数量是一致的，对于个体$\boldsymbol{p}_j$，根据排列组合相关概念，对应的个体$\boldsymbol{v}_j$的所有取值组合的数量为 $\mathrm{P}(N-1, 3)=(N-1)\times(N-2)\times(N-3)$，$\boldsymbol{v}_j$再与$\boldsymbol{p}_j$交叉之后得到的个体$\boldsymbol{u}_j$对应的集合$\mathbf{RD}_j$的元素个数为$(N-1)\times(N-2)\times(N-3)\times 2^D$，由于集合$\mathbf{RD}_j$中成员包括了$\boldsymbol{p}_j$自身和所有的$\boldsymbol{v}_j$自身，对于多个不同的$\mathbf{RD}_j$的并集而言，$\boldsymbol{p}_j$和$\boldsymbol{v}_j$会有重复的情况，所以有：$|\cup_{j=1}^{N}\mathbf{RD}_j|=((N-1)\times(N-2)\times(N-3)\times(2^D-1)-1)\times N+N\times(N-1)\times(N-2)+N$，其中第一个加项是$\mathbf{RD}_j$去除了$\boldsymbol{p}_j$和$\boldsymbol{v}_j$之后并集的元素个数，第二个加项是所有的$\boldsymbol{v}_j$的个数，第三个加项则是$\boldsymbol{p}_j$自身的个数。根据差分算子的定义，精英种群经过差分进化运算之后所产生的子代成员都在集合$\cup_{j=1}^{N}\mathbf{RD}_j$中，然而在下一次的精英提升操作中，种群的每个成员$\boldsymbol{p}_j$可能发生变化，这也导致集合$\mathbf{RD}_j$会发生变化，其中的成员分量中可能包含新的数值，与前面的两种交叉算子和转座子算子不同的是，在不限定精英提升操作的连续运行次数时，这些新的数值的范围是无法确定的，也即这些新的数值不由精英种群初始状态所决定。由此我们也得出了基于差分进化运算的精英提升操作的特点：①精英提升操作所产生的个体最多有$((N-1)\times(N-2)\times(N-3)\times(2^D-1)-1)\times N+N\times(N-1)\times(N-2)+N$个，除去 N 个粒子各自的 ***pbest*** 初始值，新个体的个数最多有$((N-1)\times(N-2)\times(N-3)\times(2^D-1)-1)\times N+N\times(N-1)\times(N-2)$个，并且这些新个体的每个分量取值不由精英种群在精英提升操作前的初始状态所决定；②新个体的每个分量的取值受精英个体的相同维数的影响，属于平行信息交互。

通过以上分析，我们首先发现两点交叉算子、整体算术交叉算子、转座子算子和差分进化算子的搜索范围不相同；其次是其受精英个体初始状态的影响也不尽相同，而记忆信息交换的方式也包含了平行交互和垂直交互这两类。

记忆信息的平行交互方式和垂直交互方式对增强粒子群搜索能力分别有不同的帮助。在粒子群算法中的每一个粒子由一个 D 维向量所组成，每一步算法在对解向量进行更新时，粒子的 D 维向量是同时被更新的，这可能出现解向量中的某些分量更接近问题的全局最优解相应的值，而其余分量则远离了问题的全局最优解相应的值，也即在算法的优化过程中会出现“前进一百步，后退五十步”的现象。而在高维函数的优化中，这一问题尤为严重。对于两点交叉算子以及类似的多点交叉、均匀交叉算子，其特点是能将不同精英粒子的等位变量进行交换，相当于增加了另一种搜索方法。而对于整体算术交叉算子则利于搜寻不同精英粒子的等位变量之间的区域。这些算子都有利于解决上述的“前进一百步，后退五十步”的问题。对于转座子算子，其特点在于能实现平行和垂直的信息交互，能产生更多的组合，这是从提升粒子多样性的角度来实现对未知区域的搜索。对于差分进化算子，其搜索也限于等位变量的信息交换，但其会产生范围不受限制的新变量，对于提高粒子多样性也非常有益。在解决实际问题时，必须考虑到问题本身的特点，而这些算子的不同特性在解决不同的问题上将体现出有差异的性能。接下来，我们将通过实验对这些精英提升算子的性能进行分析。

第二节　精英提升算子对比实验

本节将精英提升策略结合前述的若干算子分别作用在标准粒子群算法和一种较成功的改进算法——量子粒子群算法上，通过实验中与对应的基线算法的对比来分析精英提升策略对算法的提升效果，并在实验中对不同算子的性能进行比较。本节首先对量子粒子群算法的迭代运算公式和流程进行简单介绍，然后对测试函数和相应设置进行说明，最后是实验结果和讨论。

一、量子行为粒子群算法简介

粒子群算法中，引入了随机因子来模拟鸟群和鱼群等动物群体的智能，但这种随机性缺乏内在的规律，只适合用来模拟智能程度较低的动物群体，而量子空间的粒子和人类的智能行为具有一定的相似性。基于这个基本判断，孙（Sun）等[41]提出了一种量子行为粒子群优化算法（quantum behaved PSO，QPSO），其主要贡献是结合量子物理的思想修改了粒子群的位置更新方法，使得粒子群能模拟量子空间中的粒子进行搜索。QPSO 算法的粒子位置的更新公式为：

$$\boldsymbol{x}_i^{t+1} = \boldsymbol{Q}_i^t \pm \alpha \times abs(\boldsymbol{mbest}^t - \boldsymbol{x}_i^t) \times \ln(1/\boldsymbol{randu}) \tag{2-5}$$

其中 $\boldsymbol{randu}$ 是在［0，1］范围内均匀分布的随机向量，α 被称为收缩扩张因子，是 QPSO 算法用来控制收敛速度的参数，也是算法的唯一参数。$\boldsymbol{mbest}$ 被称为主流思想或者平均最优位置的虚拟点。该虚拟点并不与一个实际的粒子所在的位置对应，而是通过计算所有粒子的自身最优位置（***pbest***）的均值来得到，如下式所示：

$$\boldsymbol{mbest}^t = \left(\frac{1}{N}\sum_{i=1}^{N} pbest_{i,1}^t, \frac{1}{N}\sum_{i=1}^{N} pbest_{i,2}^t, \cdots, \frac{1}{N}\sum_{i=1}^{N} pbest_{i,D}^t\right) \tag{2-6}$$

其中 N 为粒子数目，D 为粒子的维数，$pbest_{i,d}^t$ 是第 i 个粒子在第 t 代的自身历史最优解的第 D 维分量。

$\boldsymbol{Q}_i^t$ 是第 i 个粒子在第 t 代的局部吸引子，根据克莱尔克（Clerc）及肯尼迪（Kennedy）[139] 的轨道分析，无论采用什么模型，为了保证粒子群算法的收敛性，每个粒子必须收敛到自身局部吸引子上，$\boldsymbol{Q}_i^t$ 的计算方程为：

$$\boldsymbol{Q}_i^t = \boldsymbol{\varphi} \times \boldsymbol{pbest}_i^t + (\boldsymbol{1} - \boldsymbol{\varphi}) \times \boldsymbol{gbest}^t \tag{2-7}$$

其中 $\boldsymbol{\varphi}$ 是一个在［0，1］范围内均匀分布的 D 维随机数。

基于改进的粒子更新公式，QPSO 算法的运行流程也做了相应的修改，伪代码如算法 2－7 所示：

```
Procedure of QPSO
  For i = 1 to swarm size N
    randomize the position of each particle x[i];
    evaluate x[i];
    pbest[i] = x[i];
  Endfor
  initiate gbest with the position of best particle;
  Repeat
    update mbest with Eq. (2-6);
    For i = 1 to swarm size N
      update Q[i] with Eq. (2-7);
      update x[i] with Eq. (2-5);
      evaluate x[i];
      update pbest[i];
    Endfor
    update gbest;
  Until maximum number of iterations is reached
```

算法 2－7　QPSO **算法伪代码**

与标准粒子群算法相比，QPSO 算法主要具有以下两个优点：

（1）由于粒子具有量子行为，全局搜索能力和局部搜索能力都得到了一定的增强，整体上而言 QPSO 算法具有较好的全局收敛性，并且收敛速度相对较快。

（2）参数易于调整。算法只有一个需要根据具体问题进行调整的参数 α。

二、测试函数及设置

实验主要基于两个被广泛应用来测试算法性能的函数集，第一个测试函数集包括 12 个广泛应用到验证算法性能的相关研究[140,141]中的无约束的函数，这些函数对于优化算法设置了不同的困难，其中包括 7 个单峰问题（f_1-f_7）和 5 个多峰函数（f_8-f_{12}）。另一个测试函数集由从 CEC2005 中挑选的 12 个基础函数（包括 5 个单峰函数（f_1-f_5）和 7 个基础多峰函数（f_6-f_{12}））所组成。为了便于描述，我们将 CEC2005 的 12 个基础测试函数重新命名为 f_{13} 到 f_{24}。这两个测试函数集都是可伸缩的，即变量的维数可变，在本章实验中，采用的都是变量维数 $D=30$ 的设置。

中位值（median，$\tilde{x}$）和四分位距（interquartile range，IQR）是稳健统计中常用的两个统计量[142]，近年来被广泛应用于评估进化算法的性能[137]。为了实现公平的比较，所有算法对所有测试函数的最大目标函数评估次数 4.0×10^4。由于实验中的算法属于随机优化算法，所以我们将每个算法在每个测试函数上分别独立运算了 50 次，并且记录了每个算法在每个测试函数上需要比较的相应度量值的中位值和四分位距作为结果的中心趋势及统计差量。实验结果在后续的表格中展示，其中括号外的为中位值，括号内的为四分位距，中位值最好的结果用深黑色字体及灰色背景来进行强调，如果有两种算法的中位值都是最佳，则具有较小的四分位距的结果被认为更佳。

基线算法的设置为：两种算法的种群规模都设为 20。PSO 算法的参数 c_1 和 c_2 分别为 2，ω 为 0.9 线性递减到 0.4。QPSO 的收缩扩张因子按如下式子进行计算：

$$\alpha=\alpha_1+(T-t)\times(\alpha_0-\alpha_1)/T \quad (2-8)$$

[143]

其中 t 是当前迭代次数，而 T 是算法最大迭代次数，α_0 和 α_1 分别是 α 的初始值和最终值，在此分别设置为 1 和 0.5。

基于精英提升策略的改进粒子群优化算法按照算法 2－2 来实现，粒子群算法部分的配置与相应的基线算法相同，每个周期中粒子群算法的连续迭代运行次数 λ 和精英提升操作的连续迭代运行次数 τ 分别都设为 1。四种算子中的两种交叉算子没有额外需要设置的参数，而其他两种算子的设置分别为：转座子的参数设置如表 2－1 所示；差分进化算子的尺度系数 FC 为 0.85，交叉概率 CR 为 0.2。

表 2－1　转座子的参数设置

Parameter	Value
转座子长度（Length of transposon）	6
跳跃率（Jumping rate）	0.1
转座子个数（Number of transposons）	6

三、结果与讨论

标准 PSO 算法及基于精英提升策略改进的四种算法对测试函数求解的最终适应度的中位值和四分位距结果展示在表 2－2 中。量子粒子群算法及基于精英提升策略改进的四种算法的最终适应度的中位值和四分位距结果展示在表 2－3 中。其中 EPPSO 和 EPQPSO 分别表示精英提升粒子群算法（elitist promotion PSO）和精英提升量子粒子群算法（elitist promotion QPSO），而括号中的 TP-X、WA-X、TRANS、DE 分别表示相应的精英提升算子为两点交叉算子、整体算子交叉算子、转座子算子以及差分进化算子。

表 2－2　PSO 算法及四种精英提升 PSO 算法寻优结果

Problems	**PSO**	**EPPSO（TP-X）**	**EPPSO（WA-X）**	**EPPSO（TRANS）**	**EPPSO（DE）**
	$\tilde{x}$ **（IQR）**	$\tilde{x}$ **（IQR）**	$\tilde{x}$ **（IQR）**	$\tilde{x}$ **（IQR）**	$\tilde{x}$ **（IQR）**
f_1	0.000E+00	**0.000E+00**	**0.000E+00**	**0.000E+00**	**0.000E+00**
	(1.750E-06)	**(0.000E+00)**	**(0.000E+00)**	**(0.000E+00)**	**(0.000E+00)**
f_2	1.000E+01	0.000E+00	5.500E-06	**0.000E+00**	**0.000E+00**
	(1.750E+01)	(3.500E-06)	(1.208E-04)	**(0.000E+00)**	**(0.000E+00)**
f_3	3.200E+04	5.057E+03	1.760E+01	**5.182E-02**	9.719E+03
	(1.790E+04)	(9.846E+03)	(2.957E+01)	**(1.040E+02)**	(7.105E+03)
f_4	1.421E+02	1.372E+02	1.096E+02	**1.150E+01**	8.240E+01
	(3.800E+02)	(1.356E+02)	(2.067E+02)	**(2.439E+01)**	(6.888E+01)
f_5	0.000E+00	**0.000E+00**	**0.000E+00**	**0.000E+00**	**0.000E+00**
	(7.425E+03)	**(0.000E+00)**	**(0.000E+00)**	**(0.000E+00)**	**(0.000E+00)**
f_6	5.443E+00	8.611E-02	4.227E-02	**7.794E-03**	3.214E-02
	(8.088E+00)	(9.248E-02)	(4.051E-02)	**(8.139E-03)**	(1.681E-02)
f_7	4.831E+03	2.379E+03	2.735E+03	**3.820E-04**	1.184E+02
	(1.017E+03)	(6.152E+02)	(8.374E+02)	**(0.000E+00)**	(1.200E+02)
f_8	1.620E+02	5.970E+01	3.482E+01	**0.000E+00**	6.299E+00
	(4.036E+01)	(1.940E+01)	(2.264E+01)	**(0.000E+00)**	(8.846E+00)
f_9	1.915E+02	2.700E+01	1.950E+01	**0.000E+00**	1.796E+01
	(5.359E+01)	(2.575E+01)	(2.306E+01)	**(0.000E+00)**	(2.883E+00)
f_{10}	1.996E+01	4.698E+00	2.170E+00	**0.000E+00**	2.000E-06
	(5.007E+00)	(1.344E+01)	(1.200E+00)	**(0.000E+00)**	(3.000E-06)
f_{11}	3.605E+02	9.046E+01	4.793E-02	**0.000E+00**	0.000E+00
	(9.045E+01)	(6.776E+01)	(9.379E-02)	**(0.000E+00)**	(9.001E+01)

续上表

Problems	PSO $\tilde{x}$（IQR）	EPPSO（TP-X） $\tilde{x}$（IQR）	EPPSO（WA-X） $\tilde{x}$（IQR）	EPPSO（TRANS） $\tilde{x}$（IQR）	EPPSO（DE） $\tilde{x}$（IQR）
f_{12}	5.464E−02 (2.032E−01)	1.037E−01 (3.628E−01)	1.037E−01 (1.814E−01)	**0.000E+00** **(0.000E+00)**	**0.000E+00** **(0.000E+00)**
f_{13}	3.023E+04 (1.704E+04)	3.750E+03 (4.257E+03)	**−4.500E+02** **(0.000E+00)**	7.385E+03 (3.771E+03)	**−4.500E+02** **(0.000E+00)**
f_{14}	4.956E+04 (3.132E+04)	8.498E+03 (9.964E+03)	1.283E+03 (1.822E+03)	3.394E+03 (4.040E+03)	**−4.041E+02** **(7.564E+01)**
f_{15}	2.109E+08 (1.904E+08)	3.416E+07 (8.546E+07)	3.739E+06 (2.404E+06)	1.363E+08 (1.457E+08)	**3.036E+06** **(2.025E+06)**
f_{16}	6.091E+04 (3.031E+04)	2.305E+04 (1.638E+04)	1.737E+04 (8.723E+03)	1.084E+04 (3.395E+03)	**1.233E+03** **(2.522E+03)**
f_{17}	1.898E+04 (6.049E+03)	1.460E+04 (6.243E+03)	8.333E+03 (2.866E+03)	1.543E+04 (5.918E+03)	**6.199E+03** **(4.006E+03)**
f_{18}	9.573E+09 (8.942E+09)	1.307E+09 (1.350E+09)	**4.683E+02** **(1.723E+02)**	1.207E+09 (1.417E+09)	5.059E+02 (2.314E+07)
f_{19}	−1.790E+02 (2.504E−01)	−1.793E+02 (6.481E−01)	−1.797E+02 (5.181E−01)	**−1.798E+02** **(2.422E−01)**	−1.796E+02 (4.114E−01)
f_{20}	−1.190E+02 (7.552E−02)	**−1.196E+02** **(1.552E−01)**	−1.191E+02 (1.582E−01)	−1.190E+02 (8.783E−02)	−1.190E+02 (9.543E−02)
f_{21}	−1.162E+02 (4.946E+01)	−2.544E+02 (2.925E+01)	−2.642E+02 (2.822E+01)	−2.347E+02 (4.524E+01)	**−3.260E+02** **(7.854E+00)**
f_{22}	2.249E+01 (8.441E+01)	−1.436E+02 (6.475E+01)	**−2.036E+02** **(5.423E+01)**	−7.101E+01 (9.384E+01)	−1.950E+02 (3.656E+01)
f_{23}	**1.194E+02** **(4.623E+00)**	1.200E+02 (4.751E+00)	1.201E+02 (6.076E+00)	1.241E+02 (5.205E+00)	1.238E+02 (2.942E+00)
f_{24}	5.052E+05 (1.991E+05)	9.587E+04 (8.237E+04)	**3.492E+04** **(5.518E+04)**	1.823E+05 (1.218E+05)	3.873E+04 (3.820E+04)

表 2 - 3　QPSO 算法及四种精英提升 QPSO 算法寻优结果

Problems	QPSO $\tilde{x}$（IQR）	EPQPSO（TP-X） $\tilde{x}$（IQR）	EPQPSO（WA-X） $\tilde{x}$（IQR）	EPQPSO（TRANS） $\tilde{x}$（IQR）	EPQPSO（DE） $\tilde{x}$（IQR）
f_1	**0.000E+00 (0.000E+00)**	**0.000E+00 (0.000E+00)**	**0.000E+00 (0.000E+00)**	**0.000E+00 (0.000E+00)**	**0.000E+00 (0.000E+00)**
f_2	**0.000E+00 (0.000E+00)**	**0.000E+00 (0.000E+00)**	**0.000E+00 (0.000E+00)**	**0.000E+00 (0.000E+00)**	**0.000E+00 (0.000E+00)**
f_3	8.649E+02 (4.336E+02)	4.095E+01 (4.993E+03)	7.037E+01 (6.612E+01)	**9.000E−05 (1.097E−03)**	2.327E+02 (2.100E+02)
f_4	9.174E+01 (1.402E+02)	8.028E+01 (1.224E+02)	8.946E+01 (9.705E+01)	**8.039E−02 (2.516E+01)**	2.859E+01 (2.577E+01)
f_5	**0.000E+00 (0.000E+00)**	**0.000E+00 (0.000E+00)**	**0.000E+00 (0.000E+00)**	**0.000E+00 (0.000E+00)**	**0.000E+00 (0.000E+00)**
f_6	9.194E−03 (6.332E−03)	2.314E−02 (3.548E−02)	2.629E−02 (1.740E−02)	**1.893E−03 (9.418E−04)**	3.028E−03 (1.695E−03)
f_7	3.582E+03 (1.102E+03)	2.343E+03 (6.769E+02)	2.992E+03 (6.089E+02)	**3.820E−04 (0.000E+00)**	3.820E−04 (1.184E+02)
f_8	2.954E+01 (8.741E+00)	2.229E+01 (1.940E+01)	2.189E+01 (1.045E+01)	**0.000E+00 (0.000E+00)**	6.978E+00 (1.175E+01)
f_9	4.700E+01 (1.571E+01)	2.000E+00 (6.250E+00)	1.400E+01 (5.000E+00)	**0.000E+00 (0.000E+00)**	1.963E+01 (2.172E+00)
f_{10}	0.000E+00 (1.000E−06)	1.574E+00 (1.454E+00)	1.574E+00 (2.120E+00)	**0.000E+00 (0.000E+00)**	**0.000E+00 (0.000E+00)**
f_{11}	7.396E−03 (1.478E−02)	1.968E−03 (4.160E−02)	1.232E−02 (3.563E−02)	**0.000E+00 (0.000E+00)**	**0.000E+00 (0.000E+00)**
f_{12}	**0.000E+00 (0.000E+00)**	0.000E+00 (1.814E−01)	0.000E+00 (1.037E−01)	**0.000E+00 (0.000E+00)**	**0.000E+00 (0.000E+00)**
f_{13}	**−4.500E+02 (0.000E+00)**	**−4.500E+02 (0.000E+00)**	**−4.500E+02 (0.000E+00)**	**−4.500E+02 (0.000E+00)**	**−4.500E+02 (0.000E+00)**
f_{14}	1.102E+02 (6.486E+02)	−1.622E+02 (2.686E+03)	1.141E+01 (3.604E+02)	3.371E+01 (6.610E+02)	**−4.372E+02 (7.695E+01)**
f_{15}	1.071E+07 (7.206E+06)	4.976E+06 (3.662E+06)	4.466E+06 (2.002E+06)	8.817E+06 (5.558E+06)	**4.342E+06 (2.489E+06)**

续上表

Problems	QPSO $\tilde{x}$（IQR）	EPQPSO（TP-X） $\tilde{x}$（IQR）	EPQPSO（WA-X） $\tilde{x}$（IQR）	EPQPSO（TRANS） $\tilde{x}$（IQR）	EPQPSO（DE） $\tilde{x}$（IQR）
f_{16}	5.373E+03 (3.205E+03)	1.370E+03 (7.356E+03)	1.983E+03 (1.019E+03)	2.410E+03 (2.343E+03)	**6.336E+02** **(9.243E+02)**
f_{17}	3.253E+03 (1.929E+03)	3.166E+03 (2.202E+03)	3.175E+03 (3.050E+03)	3.129E+03 (1.169E+03)	**1.862E+03** **(1.128E+03)**
f_{18}	4.708E+02 (2.300E+02)	6.081E+02 (3.627E+03)	5.506E+02 (6.466E+02)	4.762E+02 (2.614E+02)	**4.210E+02** **(6.949E+01)**
f_{19}	-1.790E+02 (2.718E-01)	**-1.800E+02** **(2.459E-02)**	-1.790E+02 (1.598E-01)	-1.797E+02 (2.533E-01)	-1.800E+02 (2.489E-02)
f_{20}	-1.190E+02 (6.950E-02)	**-1.190E+02** **(6.016E-02)**	-1.190E+02 (6.487E-02)	-1.190E+02 (6.885E-02)	-1.190E+02 (6.485E-02)
f_{21}	-2.951E+02 (9.834E+00)	-2.986E+02 (1.997E+01)	-3.008E+02 (2.188E+01)	-2.317E+02 (2.294E+01)	**-3.300E+02** **(9.976E-01)**
f_{22}	-1.900E+02 (8.361E+01)	**-2.394E+02** **(3.198E+01)**	-1.967E+02 (5.472E+01)	-1.907E+02 (8.221E+01)	-2.030E+02 (1.460E+01)
f_{23}	1.227E+02 (1.350E+01)	1.192E+02 (4.018E+00)	1.218E+02 (4.274E+00)	1.207E+02 (1.832E+00)	**1.164E+02** **(1.559E+00)**
f_{24}	2.229E+04 (2.004E+04)	2.974E+04 (2.949E+04)	1.666E+04 (2.499E+04)	2.629E+04 (2.991E+04)	**1.196E+04** **(2.561E+03)**

很显然，改进算法在整体上比相应的基线算法要更优秀，并且绝大多数的最优结果都是由改进算法得到的。在第一组测试函数（f_1 – f_{12}）中基于转座子算子的精英提升粒子群优化算法得到的结果比其他算法具有较为明显的优势，而在第二组测试函数（f_{13} – f_{24}）中基于差分进化算子的精英提升粒子群优化算法得到的结果与其他算法相比具有一定优势。此外，也可以看出，当基线算法是 QPSO 算法时，改进算法所取得的结果总体上比当基线算法是 PSO 算法时要更优秀。

第三节　精英提升粒子群算法与其他先进算法的对比实验

为了进一步分析精英提升策略的效果，我们基于上一节的实验结果，在第一组测试函数（f_1-f_{12}）上，将 QPSO 和基于转座子算子的精英提升策略结合的改进算法 EPQPSO（TRANS）和其他先进的算法进行系统的比较。同时也在第二组测试函数（$f_{13}-f_{24}$）上，将 QPSO 和基于差分进化算子的精英提升策略结合的改进算法 EPQPSO（DE）与其他先进的算法进行系统的比较。

一、EPQPSO（TRANS）与其他算法的对比

本节将 EPQPSO（TRANS）算法和另外四种先进的量子粒子群改进算法［包括权重平均最优点量子粒子群算法（QPSO with weighted mean best position，WQPSO）[144]、随机平均最优点量子粒子群算法（QPSO with random mean best position，QPSO-RM）[68]、具有排序操作的量子粒子群算法（QPSO with ranking operator，QPSO-RO）[68]、两阶段量子粒子群算法（two-stage QPSO with skipping search rule and weight，TSQPSO）[145]］进行系统的比较。其中，WQPSO、QPSO-RM 和 QPSO-RO 是被广泛应用到量子粒子群算法的对比研究中的算法，而 TSQPSO 是最近提出的一种具有较优性能的量子粒子群改进算法。为了实现公平的比较，对于所有算法，种群规模都设为 20，并且在本实验的测试函数上的最大函数评估次数都设置为 4.0×10^4 次，每个算法对于每个测试函数都独立运行了 50 次。对于算法的参数设置，除了种群规模之外，EPQPSO（TRANS）算法的其他参数和第二节的一致，而其他算法的其他参数都按照它们所在的文献进行相应的设置。即伸缩扩张因子 α 按照式（2－5）在搜索过程中由 α_0 线性递减到 α_1，对于 WQPSO 和 TSQPSO 算法，α_0 和 α_1 分别设为 1.0 和 0.5，而对于 QPSO-RM 和 QPSO-RO 算法，α_0 和 α_1 分别设为 0.6 和 0.5。

为了全面比较算法的性能，除了像第二节那样列出对测试函数求解得到的最终适应度值（算法的搜索准确度）外，我们还将对算法的收敛速度和到达函数可接受值的成功率进行对比。

1. 搜索准确度比较

本节采用了和第二节同样的分析方法，在表中列出了 50 次搜索结果的中位数和四分位距。很明显，总体上而言 EPQPSO（TRANS）算法比四种对比算法都显著要更优，在 12 个测试函数中有 8 个都到达了全局最优，而这是任何一种对比算法都没有做到的。此外，EPQPSO（TRANS）算法在没有到达全局最优的四个函数 f_3、f_4、f_6、f_7 上也具有非常明显的优势。

表 2-4　EPQPSO（TRANS）与四种对比算法的寻优结果

Problems	EPQPSO（TRANS） $\tilde{x}$（IQR）	WQPSO $\tilde{x}$（IQR）	QPSO-RM $\tilde{x}$（IQR）	QPSO-RO $\tilde{x}$（IQR）	TSQPSO $\tilde{x}$（IQR）
f_1	**0.000E+00 (0.000E+00)**	**0.000E+00 (0.000E+00)**	**0.000E+00 (0.000E+00)**	2.450E-05 (1.028E-04)	0.000E+00 (0.000E+00)
f_2	**0.000E+00 (0.000E+00)**	**0.000E+00 (0.000E+00)**	**0.000E+00 (0.000E+00)**	6.000E-06 (5.775E-05)	**0.000E+00 (0.000E+00)**
f_3	**9.000E-05 (1.097E-03)**	1.102E+01 (5.257E+00)	1.307E+01 (1.165E+01)	1.023E+03 (6.430E+02)	1.201E+01 (1.041E+02)
f_4	**8.039E-02 (2.516E+01)**	2.766E+01 (1.089E+02)	8.808E+01 (1.293E+02)	8.004E+02 (1.482E+03)	2.857E+01 (9.705E+01)
f_5	**0.000E+00 (0.000E+00)**	1.174E-03 (2.183E-04)	**0.000E+00 (0.000E+00)**	8.500E-06 (3.450E-05)	2.272E+00 (4.346E-01)
f_6	**1.893E-03 (9.418E-04)**	1.036E-02 (4.594E-03)	1.044E-02 (5.649E-03)	1.324E-02 (9.778E-03)	2.816E-03 (1.258E-03)
f_7	**3.820E-04 (0.000E+00)**	3.255E+03 (6.374E+02)	2.764E+03 (5.474E+02)	2.740E+03 (8.313E+02)	7.956E+03 (5.982E+02)
f_8	**0.000E+00 (0.000E+00)**	2.472E+01 (7.132E+00)	4.616E+01 (6.641E+01)	2.090E+01 (8.955E+00)	1.202E+02 (5.754E+01)
f_9	**0.000E+00 (0.000E+00)**	3.362E+01 (1.398E+01)	1.395E+02 (2.809E+01)	3.164E+01 (1.506E+01)	1.116E+02 (3.427E+01)
f_{10}	**0.000E+00 (0.000E+00)**	**0.000E+00 (0.000E+00)**	**0.000E+00 (0.000E+00)**	1.838E+00 (7.795E-01)	**0.000E+00 (0.000E+00)**
f_{11}	**0.000E+00 (0.000E+00)**	3.714E-03 (1.483E-02)	0.000E+00 (1.232E-02)	1.946E-01 (5.559E-01)	**0.000E+00 (0.000E+00)**
f_{12}	**0.000E+00 (0.000E+00)**	4.500E-05 (9.000E-06)	**0.000E+00 (0.000E+00)**	1.037E-01 (4.145E-01)	1.349E-01 (7.635E-02)

2. 收敛速度和搜索成功率

除了算法搜索得到最优函数值之外，另一种较为普遍的算法性能指标是算法的收敛速度，即算法在搜索过程中逼近全局最优的速度。而又由于参与比较的算法都属于随机算法，多次运行中到达全局最优（或者设定的可接受值）的次数也能在一定程度上反映算法的性能。

因为不同算法在部分函数上的表现的性能差距具有一定的相似性，我们选择了算法在一个单峰函数（f_3）和一个多峰函数（f_8）上的收敛情况作为代表进行展示。具体是将每个算法在这两个测试函数上所求得的函数适应度值对应表 2 - 4 中的中位数或者最接近中位数的该次实验的收敛速度进行展示。

由于最佳适应度值在搜索过程中变化幅度较大，为了使对比更为凸显，我们采用了将收敛曲线的纵坐标设为最佳适应度值的常用对数的方式。在搜索过程中，一旦到达了全局最优，搜索将停止。另外，由于本节的测试函数的全局最优都为“0”，而“0”的对数是没有意义的，所以如果某次搜索到达了全局最优，将在图形上接近坐标最下方的地方终止。

从图 2 - 7 中可以看到，在单峰函数 f_3 中，EPQPSO（TRANS）算法能以更快的速度进行收敛，而在多峰函数 f_8 中，其他函数都无法接近全局最优解，而 EPQPSO（TRANS）算法在不到预设的最大函数评估次数一半的时候就收敛到了全局最优。

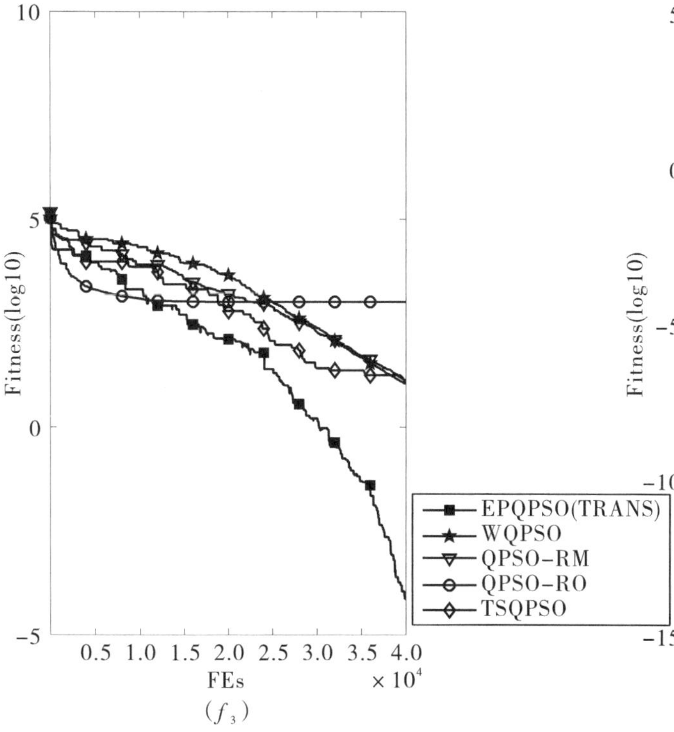

图 2 - 7　EPQPSO（TRANS）与四种对比算法的收敛速度

由于不是每个算法在每次搜索都能到达全局最优，在多次运算中算法的搜索成功率能反映其稳定性。而因为问题的难度不同，严格要求收敛到全局最优点有时又无法比较算法的优劣，所以参照文献[140]的做法，我们根据实验结果，列出了这些函数对搜索结果的可接受值，如表 2 - 5 所示。

表 2－5　测试函数f_1 ~f_{12}的寻优可接受值

Problems	Acceptance
f_1	0.01
f_2	0.01
f_3	20
f_4	20
f_5	0
f_6	0.01
f_7	2000
f_8	20
f_9	20
f_{10}	0.01
f_{11}	0.01
f_{12}	0.01

搜索成功率的结果列在表 2－6 中。可以发现，成功率方面，EPQPSO（TRANS）算法具有明显的优势，在测试集中的所有测试函数上都 100% 成功搜索到可接受值，而对比算法在大多数测试函数上都无法做到 100% 到达可接受值。

表 2－6　EPQPSO（TRANS）与四种对比算法的寻优成功率

Problems	EPQPSO（TRANS）	WQPSO	QPSO-RM	QPSO-RO	TSQPSO
f_1	**100.0%**	**100.0%**	**100.0%**	98.0%	**100.0%**
f_2	**100.0%**	**100.0%**	**100.0%**	**100.0%**	**100.0%**
f_3	**100.0%**	90.0%	74.0%	0.0%	60.0%
f_4	**100.0%**	4.0%	4.0%	0.0%	0.0%
f_5	**100.0%**	0.0%	**100.0%**	24.0%	0.0%
f_6	**100.0%**	48.0%	44.0%	32.0%	**100.0%**
f_7	**100.0%**	2.0%	6.0%	10.0%	0.0%
f_8	**100.0%**	16.0%	6.0%	48.0%	0.0%
f_9	**100.0%**	0.0%	0.0%	6.0%	0.0%
f_{10}	**100.0%**	**100.0%**	**100.0%**	2.0%	**100.0%**
f_{11}	**100.0%**	68.0%	72.0%	10.0%	**100.0%**
f_{12}	**100.0%**	**100.0%**	88.0%	44.0%	0.0%

二、EPQPSO（DE）与其他算法的对比

本节将 EPQPSO（DE）算法和差分进化算法及另外三种量子粒子群改进算法（包括权重平均最优点量子粒子群算法 WQPSO，随机平均最优点量子粒子群算法 QPSO-RM、两阶段量子粒子群算法 TSQPSO）进行系统的比较。实验的方法，除了测试函数以外都与 EPQPSO（TRANS）一致。而对于算法的参数设置上，所有算法的种群规模都设为 20，EPQPSO（DE）算法的其他参数设置和第二节的一致，而其他算法的其他参数都按照它们所在的文献进行相应的设置。其中 DE 算法采用和 EPQPSO（DE）算法一致的算子，即 DE/rand/1/bin 算子，而相应的参数也一致，即尺度系数 *FC* 为 0.85，交叉概率 *CR* 为 0.2。

下面同样对所求得的适应度值（算法的搜索准确度）、算法的收敛速度和到达函数可接受值的成功率进行说明。

1. **搜索准确度比较**

如表 2－7 所示，EPQPSO（DE）算法在 12 个测试函数中的 10 个取得最优的结果，其中在 f_{14}、f_{16}、f_{17}、f_{22} 上的优势更为明显，而在没有取得最优的两个测试函数上的结果也与对比算法中所取得的最优结果的差距并不大，因此可得出结论：在总体上 EPQPSO（DE）算法比四种对比算法都显著要更优。

表 2－7 EPQPSO（DE）与四种对比算法的寻优结果

Problems	EPQPSO（DE） $\tilde{x}$（IQR）	DE $\tilde{x}$（IQR）	WQPSO $\tilde{x}$（IQR）	QPSO-RM $\tilde{x}$（IQR）	TSQPSO $\tilde{x}$（IQR）
f_{13}	**－4.500E＋02 （0.000E＋00）**	**－4.500E＋02 （0.000E＋00）**	－4.389E＋02 （2.123E＋00）	**－4.500E＋02 （0.000E＋00）**	8.891E＋03 （5.629E＋03）
f_{14}	**－4.372E＋02 （7.695E＋01）**	1.687E＋04 （4.547E＋03）	－2.858E＋01 （2.007E＋02）	－3.342E＋02 （2.297E＋01）	2.032E＋04 （4.916E＋03）
f_{15}	**4.342E＋06 （2.489E＋06）**	8.006E＋07 （1.817E＋07）	1.120E＋07 （7.664E＋06）	4.831E＋06 （3.458E＋06）	8.376E＋07 （4.102E＋07）
f_{16}	**6.336E＋02 （9.243E＋02）**	2.989E＋04 （9.034E＋03）	4.146E＋03 （3.779E＋03）	3.073E＋03 （3.274E＋03）	2.758E＋04 （9.013E＋03）
f_{17}	**1.862E＋03 （1.128E＋03）**	5.847E＋03 （1.193E＋03）	3.217E＋03 （1.802E＋03）	4.577E＋03 （1.899E＋03）	1.390E＋04 （4.549E＋03）
f_{18}	4.210E＋02 （6.949E＋01）	5.271E＋02 （5.816E＋01）	5.484E＋03 （6.750E＋03）	**4.172E＋02 （1.578E＋02）**	1.113E＋09 （1.186E＋09）
f_{19}	**－1.800E＋02 （2.489E－02）**	－1.782E＋02 （7.027E－01）	－1.776E＋02 （8.206E－01）	－1.800E＋02 （9.598E－03）	1.035E＋03 （4.931E＋02）

续上表

Problems	EPQPSO（DE）	DE	WQPSO	QPSO-RM	TSQPSO
	$\tilde{x}$（IQR）	$\tilde{x}$（IQR）	$\tilde{x}$（IQR）	$\tilde{x}$（IQR）	$\tilde{x}$（IQR）
f_{20}	-1.190E+02 (6.485E-02)	-1.190E+02 (5.249E-02)	-1.190E+02 (5.346E-02)	**-1.190E+02 (5.064E-02)**	-1.190E+02 (5.498E-02)
f_{21}	**-3.300E+02 (9.976E-01)**	-3.229E+02 (8.252E+00)	-2.883E+02 (1.298E+01)	-2.885E+02 (1.634E+01)	-9.089E+01 (4.407E+01)
f_{22}	**-2.030E+02 (1.460E+01)**	-1.015E+02 (2.255E+01)	-1.599E+02 (5.254E+01)	-1.159E+02 (3.195E+01)	1.461E+01 (5.588E+01)
f_{23}	**1.164E+02 (1.559E+00)**	1.272E+02 (2.542E+00)	1.178E+02 (1.148E+01)	1.200E+02 (1.787E+01)	1.257E+02 (2.253E+00)
f_{24}	**1.196E+04 (2.561E+03)**	1.491E+05 (3.284E+04)	4.181E+04 (4.715E+04)	2.608E+04 (4.335E+04)	2.580E+05 (8.863E+04)

2. **收敛速度和搜索成功率**

同样，我们选择了算法在一个单峰函数（f_{16}）和一个多峰函数（f_{22}）上的收敛情况为代表进行展示，具体也是将每个算法在这两个测试函数上所求得的函数适应度值对应表2-7中的中位数或者最接近中位数的该次实验的收敛速度进行展示。由于两个函数的适应度的变化范围差别较大，所以对于f_{16}，我们采用了将收敛曲线的纵坐标设为最佳适应度值的常用对数的方式，而对于f_{22}，我们直接将收敛曲线的纵坐标设为最佳适应度值。

从图2-8中可清楚地看到，EPQPSO（DE）算法的收敛速度更快，结果更接近全局最优解。

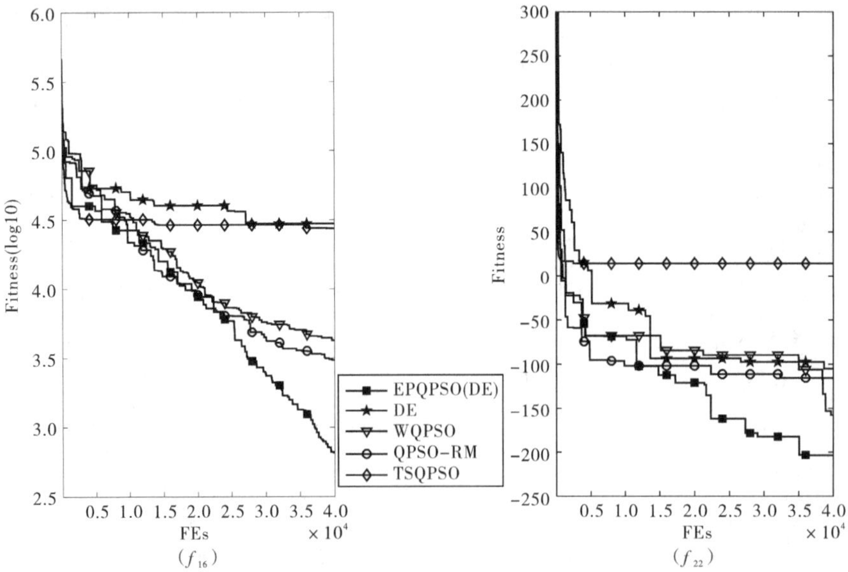

图2-8　EPQPSO（DE）与四种对比算法的收敛速度

对算法的搜索成功率的分析，我们依然根据参与比较的算法的实验情况所设定的 f_{13} ~ f_{24} 函数集对搜索结果的可接受值（如表 2 – 8 所示）。

表 2 – 8　测试函数 f_{13} ~ f_{24} 的寻优可接受值

Problems	Acceptance
f_{13}	–450
f_{14}	–370
f_{15}	1E +6
f_{16}	1E +3
f_{17}	2E +3
f_{18}	500
f_{19}	–179. 9
f_{20}	–118
f_{21}	–329
f_{22}	–200
f_{23}	130
f_{24}	1. 3E +4

搜索成功率的结果列在表 2 – 9 中。可以发现，成功率方面，EPQPSO（DE）算法在 12 个函数中有 7 个达到 100% 可接受值，而在其他 5 个函数中也比较接近 100%，这是四种对比算法所未能达到的。

表 2 – 9　EPQPSO（DE）与四种对比算法的寻优成功率

Problems	EPQPSO（DE）	DE	WQPSO	QPSO-RM	TSQPSO
f_{13}	**100. 0%**	**100. 0%**	0. 0%	**100. 0%**	0. 0%
f_{14}	**86. 0%**	0. 0%	0. 0%	60. 0%	0. 0%
f_{15}	**100. 0%**	0. 0%	0. 0%	2. 0%	0. 0%
f_{16}	**92. 0%**	0. 0%	4. 0%	4. 0%	0. 0%
f_{17}	**96. 0%**	0. 0%	16. 0%	2. 0%	0. 0%
f_{18}	**92. 0%**	32. 0%	0. 0%	70. 0%	0. 0%
f_{19}	**100. 0%**	0. 0%	0. 0%	**100. 0%**	0. 0%
f_{20}	**100. 0%**	**100. 0%**	**100. 0%**	**100. 0%**	**100. 0%**
f_{21}	**100. 0%**	2. 0%	0. 0%	0. 0%	0. 0%
f_{22}	**98. 0%**	0. 0%	22. 0%	0. 0%	0. 0%
f_{23}	**100. 0%**	98. 0%	94. 0%	86. 0%	**100. 0%**
f_{24}	**100. 0%**	0. 0%	6. 0%	18. 0%	0. 0%

本章小结

本章提出了一种针对粒子群优化算法的改进思路——精英提升策略，采用了基于个体适应度关系学习模型，将算法搜索过程中存储在记忆中的精英信息进行重构以生成具有竞争力的新个体，进而对相应的精英个体进行提升，从而更有效率地引导粒子群的搜索行为。为了深入而广泛地研究精英提升方法的效果，引入了两点交叉算子、整体算术交叉算子、转座子算子以及差分进化算子作为精英提升算子，利用集合论对这些算子的搜索特点进行了分析，并通过实验验证了这些精英提升算子对标准粒子群算法和量子行为粒子群算法性能的提升效果。然后在上述实验结果基础上，对基于转座子算子的精英提升量子行为粒子群算法及基于差分进化算子的精英提升量子行为粒子群算法进行了进一步的深入研究，通过分别和四种现有的算法在被广泛使用的测试函数集上的对比实验，验证了精英提升粒子群优化算法的优越性。

第三章　自适应精英提升及扩展精英提升粒子群算法

本章在上一章精英提升策略的基础上提出改进的两种精英提升策略，包括自适应精英提升策略及扩展精英提升策略。自适应精英提升策略主要针对在精英提升粒子群算法中需要在每次迭代中进行精英提升操作，而这些精英提升操作中的部分操作可能存在效率较低、没法提升种群质量的问题，而提出了引入自适应的策略来设置精英提升的频度，从而提高了精英提升操作的效率。而扩展精英提升策略则进一步通过空间扩展精英解的范围，使精英提升操作的基础种群包含更多高质量且具有多样性的个体，提高精英提升操作的效率。

这两种改进的精英提升策略分别在量子粒子群算法的基础上进行了实现，并分别在测试函数集上进行了实验。实验结果表明，本章所提出的两种算法分别在相应的测试函数集上具有出色的寻优能力、收敛速度及稳定性。

第一节　自适应精英提升粒子群算法

本节将对自适应精英提升粒子群算法的核心思想及实现流程进行说明，并将其在测试函数集上所体现的性能进行说明。

一、算法核心思想

在精英提升策略上，由于在全部迭代过程中都启用提升操作，而基于搜索的随机性和不均衡性，可能在某些迭代中出现提升操作没法有效提升种群质量的情况，因此采用均衡的方式在整个进化迭代过程中都启用提升操作可能会导致计算资源的浪费。自适应方法能通过对进化过程的感知来调整在进化迭代过程中精英提升操作的频度，从而有效利用计算资源，提高算法的效率。图 3 – 1 为自适应精英提升策略示意图，与基础精英提升策略相比（图 2 – 1），主要增加了在提升前的过滤机制（图 3 – 1 中操作 2 上方的虚线部分），通过对每次提升的判定和过滤，来实现自适应精英提升。

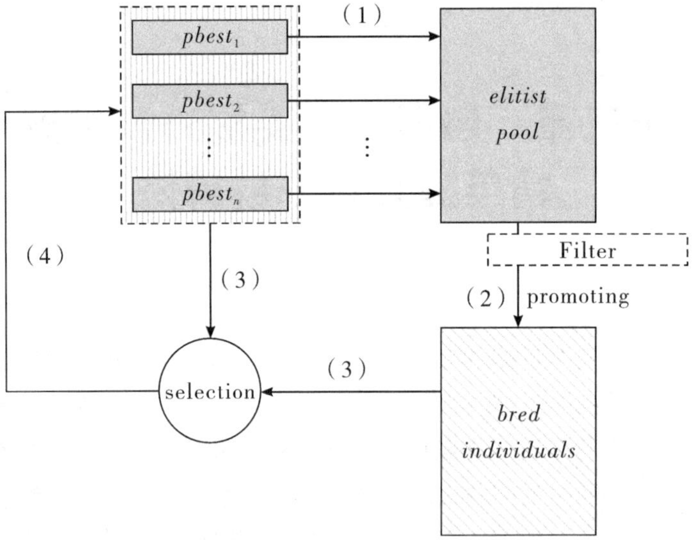

图 3－1　自适应精英提升策略示意图

自适应方法对算法在各种问题上获得总体良好结果是有益的[146]。在采用自适应方法的混合算法中，每个搜索个体都具备在环境评估下选择自身搜索策略的能力。例如，在基于自适应学习的粒子群优化算法（self-adaptive learning based PSO，SLPSO）中[147]，基于 PSO 的原始搜索规则设计了四种搜索策略，每个粒子可以根据候选搜索策略的相应性能选择其中一种搜索策略。在李（Li）等[2]的文章中，设计了四种应对不同情况的搜索策略，粒子能够根据自身的局部适应度景观选择最优策略。

而在精英提升算子方面，有多种算子可以采用，在本节算法中，选用了交叉算子。交叉算子已经被一些研究采用以增强 PSO 中粒子之间的信息交换，防止群体的过早收敛。在张（Zhang）等[148]的文章中，交叉操作符在群体粒子和精英集上都得到了实现。在陈（Chen）等[149]的文章中，对个人历史最佳粒子群进行了算术交叉，以形成粒子的引导向量。在莫拉伊（Molaei）等[150]的文章中，交叉发生在一个选定粒子和一个随机粒子之间，以引入随机性，从而提高全局搜索能力。

本节算法被称为自适应精英提升的量子粒子群优化算法，也可称为自适应精英交叉量子粒子群优化算法（QPSO with self-adaptive elitist crossover，EXQPSO）。

二、算法流程

本节所提出的 EXQPSO 伪代码见算法 3－1，其中 N 是种群规模，$randv2$ 的值是一个在［0，1］区间上均匀分布的随机数。使用原始 QPSO 搜索策略更新每个粒子后，在群体中根据交叉概率 CP 进行精英交叉操作。CP 不是设置为常量，而是根据交叉操作在过去几代的表现不断变化。精英交叉操作伪代码见算法 3－2，其仅在精英个体上进行，这些个体可以是个体最佳解 ***pbest*** 或者式（2－7）中给出的 Q 点。*randv*1 通过与 *randv*2 相同的方法随机生成，即在［0，1］区间上均匀随机生成。QP 是决定是否选择 Q 点作为交叉操作父代的概率。需要注意的是，交叉的一个父代成员是由精英交叉操作函数的调用者确定的。

```
EXQPSO
  While the maximum FEs is not reached
    For i = 1 to N
      run the original QPSO algorithm;
      calculate the fitness of each particle;
      If randv2 < CP
        offspring = Elitist_Crossover_Operator(i);
        calculate the fitness of offspring;
        If fitness of the offspring is better than particle i
          replacc the particlc i with the offspring;
        Endif
      Endif
    Endfor
    update the value of CP;
  Endwhile
```

算法 3－1　EXQPSO 算法伪代码

```
Elitist_Crossover_Operator[i]
  idx1 = i;
  idx2 = a random value from 1 to N other than i;
  If randv1 < QP
    Parant1 = Q point with index idx1;
    Parant2 = Q point with index idx2;
  Else
    Parant1 = Pbest with index idx1;
    Parant2 = Pbest with index idx2;
  EndIf
  Perform the uniform crossover on two parents;
  Choose an offspring randomly as the output;
```

算法 3－2　精英交叉算子伪代码

CP 更新过程的详细操作见算法 3 -3，精英交叉生成的后代成功替代对应粒子的成功率用于更新 CP 的值。在提出的算法中，是否采用精英交叉操作生成每个粒子的新个体由自适应概率模型决定。该概率根据成功率的变化增加或减少。不同的问题在迭代过程中可能对算法产生不同的反馈，因此算法在优化具有不同特征的问题时可以增强整体性能。

为了克服 CP 可能的剧烈波动，CP 仅在一系列最近成功率的平均值明显好于或差于某些前期成功率的平均值时才会改变。CP 的初始值和变化步长分别设置为 $1/N$ 和 $2/N$。

```
CP update
  calculate the success rate SR of elitist crossover operator;
  If the number of function evaluation is reached
    Record = [Record SR];
    If the number of the record is larger than 5
      RP = sum(Record[last - 2:last])/3;
      FP = sum(Record[last - 4:last - 3])/2;
      If RP > 1.1*FP
        CP = CP + 2/N;
      Elseif 1.1*RP < FP
        CP = CP - 2/N;
      Endif
    Endif
  Endif
```

算法 3 -3　交叉概率 CP 更新的伪代码

三、实验及结果

为了验证本节所提出的 EXQPSO 算法的性能，我们将其与原始 QPSO 在 CEC2014 基准测试套件上进行了比较。在基准测试实例中，f_1 到 f_3 是单峰函数，f_4 到 f_{16} 是多峰函数，f_{17} 到 f_{22} 是混合函数，f_{23} 到 f_{30} 是组合函数。所有测试函数的维度均设置为 30。这些测试实例对优化算法提出了各种挑战。

在实验中，两个对比算法的参数 β 从 β_0 线性下降到 β_1。在 EXQPSO 和 QPSO 中，β_0 和 β_1 的值均设置为 1.0 和 0.5。为了公平比较，这两个算法在每个测试函数上使用相同的设置运行：N 设置为 40，目标函数评估次数（FEs）的最大值为 2.0×10^5。此外，实验中的竞争算法对每个测试函数进行了 50 次运行，每次运行都使用随机初始种群。

为对求解的准确性进行比较，展示了两个竞争算法在测试函数上的目标函数值。为了显示目标函数值的集中趋势和统计离散性，给出了每个竞争算法在每个测试函数上的中位数（$\tilde{x}$）和四分位范围（IQR）。表 3 -1 给出了两个竞争算法在所有测试函数上的解决方案搜索准确性。每个测试函数的较好结果用灰色背景突出显示。如果表中的任何两个结果具有相同的 $\tilde{x}$，则 IQR 值较小的结果被视为更好。

从表 3 - 1 中可以看出，EXQPSO 在 30 个基准测试函数中的 19 个上获得了更好的结果。显然，本节所提出的 EXQPSO 算法在测试函数集上整体表现更好。

此外，为了提供可靠的比较，对两个竞争算法的解决方案准确性和计算时间进行了 Friedman 测试[151]的统计分析，结果分别显示在表 3 - 2 和表 3 - 3 中。比较结果表明，EXQPSO 在求解准确性和计算时间上均具有更好的排名值，这从另一个方面表明 EXQPSO 在解决这些基准测试函数时优于原始 QPSO。

表 3 - 1　EXQPSO 算法及 QPSO 算法寻优结果

Problems	**EXQPSO**	**OPSO**
	$\tilde{x}$ (**IQR**)	$\tilde{x}$ (**IQR**)
f_1	**6.8711E+05 (4.9616E+05)**	1.6445E+06 (1.1644E+06)
f_2	**2.0956E+02 (2.6742E+01)**	2.1751E+02 (4.8685F+01)
f_3	**3.8093E+02 (5.1159F+02)**	5.0316F+02 (4.1500E+02)
f_4	**4.6918E+02 (1.4327E+01)**	4.7723E+02 (1.2275F+01)
f_5	**5.2094F+02 (7.6600F−02)**	5.2096F+02 (7.5900E−02)
f_6	6.1055E+02 (4.0586F+00)	**6.0449E+02 (3.5371F+00)**
f_7	7.0001E+02 (1.9700E−02)	**7.0000E+02 (9.9000E−03)**
f_8	8.2637E+02 (1.2934E+01)	**8.1791H+02 (5.9693H+00)**
f_9	9.5323E+02 (2.3879E+01)	**9.3257E+02 (1.4727E+01)**
f_{10}	**1.3989E+03 (2.4812E+02)**	1.7772E+03 (5.5110E+02)
f_{11}	**3.4708E+03 (1.0672E+03)**	7.2601E+03 (1.2205E+03)
f_{12}	**1.2015E+03 (1.4989E+00)**	1.2027E+03 (3.2960E−01)
f_{13}	**1.3003E+03 (8.6300E−02)**	1.3003E+03 (7.6600E−02)
f_{14}	**1.4003E+03 (7.0400E−02)**	1.4005E+03 (3.3430E−01)
f_{15}	**1.5055E+03 (2.8756E+00)**	1.5075E+03 (6.7091E+00)
f_{16}	**1.6107E+03 (1.2068E+00)**	1.6115E+03 (5.2890E−01)
f_{17}	**1.1235E+05 (2.0372E+05)**	2.1959E+05 (1.8437E+05)
f_{18}	**2.9533E+03 (3.1739E+03)**	4.0425E+03 (6.5819E+03)
f_{19}	**1.9061E+03 (2.1500E+00)**	1.9067E+03 (1.6743E+00)
f_{20}	**2.3816E+03 (5.2765E+02)**	2.5556E+03 (4.5664E+02)
f_{21}	**6.0062E+04 (8.9999E+04)**	7.9681E+04 (1.0367E+05)
f_{22}	2.5014E+03 (2.5265E+02)	**2.4059E+03 (1.7621E+02)**
f_{23}	**2.6152E+03 (0.0000E+00)**	**2.6152E+03 (0.0000E+00)**

续上表

Problems	EXQPSO	OPSO
	$\tilde{x}$（IQR）	$\tilde{x}$（IQR）
f_{24}	2. 6265E +03（5. 3480E +00）	**2. 6264E +03（4. 4215E +00）**
f_{25}	2. 7108E +03（6. 4831E +00）	**2. 7048E +03（2. 1721E +00）**
f_{26}	2. 7003E +03（9. 9774E +01）	**2. 7003E +03（1. 2240E −01）**
f_{27}	3. 2705E103（2. 3952E +02）	**3. 1721E +03（1. 0047E +02）**
f_{28}	3. 7317E +03（7. 0255E +01）	**3. 6366E +03（4. 2195E +01）**
f_{29}	**4. 0504E +03（2. 8482E +02）**	4. 3659E +03（1. 0182E +03）
f_{30}	**5. 4340E +03（1. 1404E +03）**	5. 8505E +03（1. 0173E +03）

表 3 – 2　EXQPSO 算法及 QPSO 算法寻优结果平均排名值

Algorithms	Ranking
EXQPSO	1. 447000
OPSO	1. 553000

表 3 – 3　EXQPSO 算法及 QPSO 算法 CPU 时间的平均排名值

Algorithms	Ranking
EXQPSO	1. 306667
OPSO	1. 693333

第二节　扩展精英提升粒子群算法

本节将对扩展精英提升粒子群算法的核心思想、算法流程及其在测试函数集上所体现的性能进行说明。

一、核心思想

在精英提升粒子群算法中，每个粒子只有在最新搜索迭代中的个体最佳位置才会参与精英提升操作。为了避免由于群体中的个体最佳位置的重复而导致的早熟，每个个体最佳位置仅受来自自身及少量其他个体最佳位置的新个体的影响。换句话说，精英对每个个体最佳位置的影响是由包含该个体最佳位置自身的小组个体形成的。显然，采用这种方式，精英的范围非常有限，整个搜索过程中生成的精英没有被充分考虑，因此，精英提升策略的优越性能没有被充分挖掘。

在本节算法中，精英的选择来源扩展到所有搜索迭代中的所有个体最佳位置。也即无论何时生成，只要个体最佳位置满足一些指定要求，它就会被选为精英并存储到精英存储池中。此外，记忆池的大小不受群体规模的限制，因此，精英繁殖操作可用的候选者更多，如图 3－2 所示，在原始精英提升的基础上扩展了精英存储池的规模。基于这种方法，提出了一种改进的 QPSO 算法——扩展精英提升粒子群算法（quantum-behaved particle swarm optimization algorithm with extended elitist breeding，EEB-QPSO）。测试函数集上的实验结果表明，EEB-QPSO 在复杂优化问题上能够实现更好的全局搜索能力和更快的收敛速度。

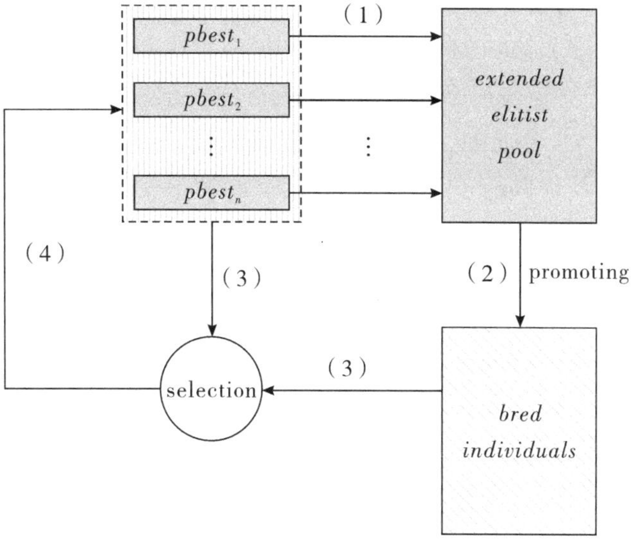

图 3－2　扩展精英提升策略示意图

二、算法流程

精英提升是一种局部搜索方法，它对每个存储的精英个体进行操作。使用贪婪策略来决定是否替换精英位置。整个策略可以看作是在存储的精英成员上进行额外的进化层，而不是在当前群体上进行进化，当前群体携带了粒子在搜索空间中的当前位置。显然，候选者群体的特征，特别是第二层进化所期待的特征，决定了算法的性能。例如，具有更好多样性的候选者可能对维持群体的多样性和提高搜索效率有潜在好处。因此，扩展精英范围对于精英繁殖策略来说是自然且有前景的。本节算法引入了一个额外的内存池——扩展精英池（extended elitists pool，EEP），用于存储在整个进化过程中找到的精英。此外，为了以合理的方式执行对每个粒子个体最佳位置的贪婪更新操作，还提出了一种匹配方法，用于配对繁殖个体与个体最佳位置。

EEB-QPSO 算法的伪代码见算法 3－4。EEP 更新操作遵循贪婪策略，并在某些指定的度量标准下，例如目标函数值，简单地替换最差成员，并将新的精英放到空缺的位置。EEP 更新操作的详细信息见算法 3－5。

```
EEB1-QPSO
  While the maximum FEs is not reached
    For i = 1 to λ
      run the original QPSO algorithm;
      update the EEP;
    Endfor
    For i = 1 to τ
      select M member from EEP and construct the epool;
      epool_eb = EB_OP(epool);
      find the partner for each pbest;
      For j = 1 to N
        If pbest[j] has a partner with better fitness value
          pbest[j] is replaced by its partner;
        Endif
      Endfor
    Endfor
  Endwhile
```

算法 3－4　EEB-QPSO 算法伪代码

```
EEP update
  For = 1 to N
    If pbest[i] is updated with a new vector
      find the index j of the worst member;
      EEP[i] = pbest[i];
    Endif
  Endfor
```

算法 3－5　EEP 更新伪代码

如 EEB-QPSO 算法的伪代码所示，在进行精英繁殖操作之前，必须从 EEP 中选择 M 个个体。M 可能等于或小于 EEP 的大小。然后，评估这 M 个新的繁殖个体，并用它们来更新每个粒子的个体最佳位置。为了保持由所有个体最佳位置组成的群体的多样性，每个繁殖个体在精英繁殖策略的更新过程中最多只被分配一次以更新个体最佳位置。因此，还应考虑将新繁殖个体单独分配给每个个体最佳位置的任务。通常，一对一的分配任务可以被形式化为稳定婚姻问题，并通过盖尔－沙普利（Gale-Shapley）算法[152]解决。在稳定婚姻问题中，有两个有限的玩家集合，且集合的大小相等。然而，M 的值可能不同于粒子的数量，即提出算法中的 N。因此，本节算法扩展了盖尔－沙普利算法，以解决 N 对 M 的匹配问题。

首先，根据相互之间的欧几里得距离的倒数，生成每个匹配集合中每个玩家的偏好列表，如算法 3－6 中的伪代码所示。操作完成后，每个集合中的玩家对另一个集合中的玩家有严格的偏好。然后，将在提升操作中生成的个体集合和个体最佳位置集合分别视为女性集合和男性集合，根据盖尔－沙普利算法执行一对一的匹配操作。匹配过程生成一个匹配矩阵。值得注意的是，由于两个集合的数量不等，我们还考虑了某些玩家可能没有匹配对，即玩家在匹配中分配的伙伴为空。基于稳定匹配算法的分配策略确保了个人最佳位置被不同的提升操作中生成的个体替换，因此，能够保持由所有个体最佳位置组成的群体的多样性。

```
Preference list generate
  For i = 1 to N
    For j = 1 to M
      If bred[j] is better than pbest[i]
        calculate the distance of bred[j] to pbest[i];
        PD = 1/distance;
      Else
        PD = 0;
      Endif
      set the preferences of pbest[i] and bred[j] to each other to PD;
    Endfor
  Endfor
```

算法 3－6 偏好列表生成伪代码

三、实验及结果

为了评估本节提出的算法的性能，我们将其与 EB-QPSO 和原始 QPSO 在 12 个广泛采用的基准函数[153]上进行了对比。所有测试函数的维度均设为 30。这些基准函数对优化算法提出了不同的挑战。

在实验中，选择目标函数值更好的 M 个成员，通过转座子操作符来进行精英提升操作。所有竞争算法的参数 β 在整个进化过程中线性减小，从 β_0 减小到 β_1。对于 QPSO，β_0 和 β_1 设置为 1.0 和 0.5，而 EEB-QPSO 和 EB-QPSO 都使用了 0.6 和 0.5。实验中，EEB-

QPSO 算法的其他参数设置如表 3－4 所示。在此，EN 是 EEP 的大小，M 是从 EEP 中选择的用于转座子操作的个体。除 β 外，EB-QPSO 和原始 QPSO 的其他参数设置按照其相应的参考文献设置。为了公平比较，对于每个测试函数，所有竞争的 QPSO 都使用了 40 的种群规模和最大 2.0×10^4 次目标函数评估（FEs）。

表 3－4　对比算法参数设置

Parameter	Value
EN	40
M	40
λ	3
τ	1
Jumping percentage	6
Jumping rate	0.1
Number of transposons	6

对比算法在测试函数上的寻优结果显示解的准确性对比。此外，杨（Yang）等[153]研究中的相关内容，定义了一个“接受度”值来衡量比较算法找到的解的可接受性。为了评估比较算法逼近全局最优解的速度，还记录并展示了达到可接受解所需的 FEs。作为随机算法，所有竞争的 QPSO 在模拟实验中运行了 50 次，使用随机初始种群。为了衡量结果的集中趋势和统计离散度，采用了中位数（$\tilde{x}$）和四分位范围（IQR）来展示实验结果。

表 3－5 和表 3－6 分别展示了在所有测试函数中，对比算法的寻优准确度以及达到可接受解所需的目标函数评估次数（FEs）。最佳结果用灰色背景突出显示。同样，如果实验中两个结果的中位数（$\tilde{x}$）相同，则具有较小四分位范围（IQR）值的结果将被视为更好。对于达到可接受解所需的 FEs，如果某个算法在某次运行中无法达到可接受解，则将最大 FEs 数量作为该次运行的结果。

表 3－5　对比算法求解精度比较结果

Problems	EEB-QPSO	EB-QPSO	QPSO
	$\tilde{x}$（IQR）	$\tilde{x}$（IQR）	$\tilde{x}$（IQR）
f_1	**0.000E+00（0.000E+00）**	**0.000E+00（0.000E+00）**	1.705E－04（3.773E－04）
f_2	**0.000E+00（0.000E+00）**	**0.000E+00（0.000E+00）**	6.245E－04（6.325E－04）
f_3	**3.265E－01（7.522E－01）**	3.807E－01（5.508E－01）	3.294E+03（1.028E+03）
f_4	**1.815E+00（2.048E+00）**	6.942E+00（1.819E+01）	1.442E+02（1.734E+02）
f_5	**0.000E+00（0.000E+00）**	**0.000E+00（0.000E+00）**	1.710E－04（4.095E－04）
f_6	**3.240E－03（1.962E－03）**	4.160E－03（2.575E－03）	2.108E－02（8.621E－03）
f_7	**3.820E－04（0.000E+00）**	**3.820E－04（0.000E+00）**	6.102E+03（2.971E+03）

续上表

Problems	EEB-QPSO $\tilde{x}$（IQR）	EB-QPSO $\tilde{x}$（IQR）	QPSO $\tilde{x}$（IQR）
f_8	**0.000E+00（0.000E+00）**	0.000E+00（7.500E-07）	3.224E+01（1.597E+01）
f_9	**0.000E+00（0.000E+00）**	1.000E-06（4.340E-04）	6.809E+01（4.885E+01）
f_{10}	**0.000E+00（0.000E+00）**	**0.000E+00（0.000E+00）**	3.433E-03（4.317E-03）
f_{11}	**0.000E+00（0.000E+00）**	0.000E+00（3.000E-06）	8.020E-03（1.647E-02）
f_{12}	**0.000E+00（0.000E+00）**	**0.000E+00（0.000E+00）**	1.140E-03（1.038E-01）

表3-6　对比算法达到可接受解所需的FEs数

Problems	EEB-QPSO $\tilde{x}$（IQR）	EB-QPSO $\tilde{x}$（IQR）	QPSO $\tilde{x}$（IQR）
f_1	**3.080E+03（2.100E+02）**	3.280E+03（2.200E+02）	1.354E+04（6.000E+02）
f_2	**3.240E+03（2.000E+02）**	3.400E+03（2.400E+02）	1.332E+04（2.000E+02）
f_3	**7.500E+03（1.850E+03）**	1.050E+04（1.950E+03）	2.000E+04（0.000E+00）
f_4	**6.400E+03（1.710E+03）**	7.420E+03（5.310E+03）	2.000E+04（4.660E+03）
f_5	**1.543E+04（3.570E+03）**	1.666E+04（3.600E+03）	2.000E+04（0.000E+00）
f_6	**6.440E+03（3.010E+03）**	8.440E+03（4.630E+03）	2.000E+04（0.000E+00）
f_7	**3.720E+03（3.600E+02）**	6.280E+03（6.900E+02）	2.000E+04（0.000E+00）
f_8	**3.600E+03（4.800E+02）**	5.740E+03（5.700E+02）	1.732E+04（2.100E+03）
f_9	**2.700E+03（4.800E+02）**	4.000E+03（6.000E+02）	2.000E+04（8.100E+02）
f_{10}	**3.480E+03（1.500E+02）**	3.560E+03（3.000E+02）	1.456E+04（1.150E+03）
f_{11}	**4.840E+03（1.010E+03）**	5.800E+03（1.320E+03）	1.544E+04（5.670E+03）
f_{12}	**2.760E+03（3.200E+02）**	2.940E+03（5.600E+02）	1.460E+04（6.710E+03）

显然，EEB-QPSO算法在所有12个测试函数上表现最佳。对于EB-QPSO无法在100%成功率下达到全局最优解的某些测试函数，例如f_8、f_9和f_{11}，EEB-QPSO算法在所有实验中均能达到全局最优解。

此外，如表3-6所示，EEB-QPSO算法达到可接受解所需的FEs数量远少于其他比较算法的结果。换句话说，EEB-QPSO提供了比其他算法更高的收敛速度。

本章小结

本章在精英提升策略的基础上，提出了自适应精英提升策略和扩展精英提升策略，并且将其集成到量子粒子群优化算法中。

首先提出了一种基于精英交叉操作符和自适应方法的混合QPSO算法。精英交叉操作符提供了一种辅助搜索策略，以探索迄今为止找到的精英个体并生成更好的解。自适应机制使群体能够从过去的经验中学习，并调整使用精英交叉操作符的概率以提高自身性能。实验研究表明，EXQPSO 在解的准确性和计算效率方面比原始 QPSO 算法具有更优的搜索性能。同时还提出了一种基于扩展精英策略的改进精英提升量子粒子群算法。扩展精英策略提供了一种深度记忆策略，用于存储在整个搜索过程中找到的最佳个体。精英提升操作对存储的精英个体进行额外的局部搜索，从而有效生成新的解，这有助于提高算法在复杂优化问题上的全局搜索能力。此外，为了保持群体中个体最佳位置的多样性，使用盖尔－沙普利算法在粒子的个体最佳位置集和精英提升操作生成的新解集之间进行一对一匹配。每个个体最佳位置被其分配的新解替换。实验研究表明，EEB-QPSO 在解的准确性和收敛速度方面相比于 EB-QPSO 和 QPSO 算法具有更优的搜索性能。

第四章　用于电力经济负荷分配的双重精英提升量子粒子群算法

前面几章我们主要对精英提升的核心思想以及面向单目标优化及多目标优化的实现方法进行了说明，所提出的策略主要在测试函数上进行验证。本章将精英提升策略集成到求解特定工程实践问题的算法中，开展基于精英提升策略的粒子群优化算法的应用研究。

经济负荷分配（economic dispatch，ED）是电力系统规划和运行调度的重要课题，也是一类典型的有约束优化问题，其目的是在满足负荷并最小化发电成本的同时符合各种运行约束条件。该问题的妥善解决对提高电力系统运行的经济性和可靠性都具有重要的意义。由于该类问题属于非凸的复杂约束问题，并且有些相应的实际工程问题的规模较大，所以采用经典的方法如梯度法、动态规划法[154,155]等进行求解时，在精度、效率和稳定性上常常难以达到实际应用的要求。近年来，采用人工智能技术解决 ED 问题成为一种新的方向，大量的研究成果陆续涌现。包括遗传算法[156]、人工免疫系统[157]、粒子群[158]、差分进化算法[159]、万有引力搜索算法[160]、禁忌搜索算法[161]、神经网络[162]、进化规划算法[163]、细菌觅食算法[164]、生物地理优化算法[165]等。然而，随着工业技术的不断发展，电力系统规划和运行调度的工程实践出现的大规模高维 ED 问题对求解算法提出了更高的要求，并且不断提升求解精度对新时期的工程技术水平下实现更优化的系统也有重要意义。

约束处理方法是解决 ED 问题的关键，对于不等式约束而言，一般可以采用将相应的变量值设为其最近边界值的方法来解决，而电力平衡等等式约束则往往被认为是 ED 问题中最复杂的部分内容。针对 ED 问题，较为常规的约束处理主要是基于罚函数的方法[166,167]，罚函数的优势在于能将约束和目标函数结合成一个新的目标函数，处理较为简单。然而罚函数的最大问题在于需要设置一个额外的罚参数来决定对违反约束的解的惩罚程度，如果罚参数很小，则无法保留可行解，如果罚参数很大则会将解空间扭曲，这会导致算法很容易陷入局部最优。针对每一个具体问题，罚参数的设置都需要通过反复的实验来设定，所以很难设置好一个较为通用的罚参数来解决约束问题。近年来，有些研究提出了一些启发式的约束处理策略来解决 ED 问题，这些方法的核心是采用启发式的方法来对不可行解进行局部的修改，从而使这些解能满足 ED 问题的等式约束。与罚函数相比，启发式的约束处理方法不会产生解空间的扭曲情况，也具有较好的通用性，能较好地解决 ED 问题。但是较重的运算负荷对于任何一种基于启发式约束处理策略的进化算法来说都是一个难题[168]。

量子粒子群算法在迭代次数无限的情况下，能保证全局收敛，但是在解决实际工程问题时，迭代次数必然是有限的，所以该算法仍然存在一定程度的早熟收敛问题。此外，在面对复杂约束问题上，QPSO 算法缺乏有效的约束处理机制。本书第二章给出了一种面向单目标粒子群的精英提升算法框架，然而在解决具体工程问题的时候，需要结合问题本身的特点来选用不同的精英提升方法才能更好地提升算法的性能。本章在第二章给出的精英提升算法框架上，结合电力经济分配问题的特点提出并实现了一种双重精英提升量子粒子群算法（QPSO based on double elitist promotion strategy for ED problem，DEP-QPSO-EDP），并针对问题的复杂多约束条件提出了一种改进的、具有较低运算负荷的启发式约束处理方法，同时还引入了一种全新的、与启发式约束处理方法配合使用的粒子群 ***pbest*** 和 ***gbest*** 的更新方法。与多种先进算法在三种具有不同特性的典型算例上的对比实验结果，说明了该算法具有更强的全局搜索能力和更好的求解效率，同时也能有效降低启发式的约束处理方法的运算负荷。

第一节　电力系统负荷分配问题的数学模型

电力系统 ED 问题包括多个约束条件，本节给出 ED 问题的目标函数，并对其等式约束条件及不等式约束条件进行了说明。

一、目标函数

电力系统 ED 问题的目标是最小化总发电成本，该目标函数一般可以简化为每个发电机输出功率的二次函数：

$$C_T = \sum_{i=1}^{n} F_i(P_i) \tag{4-1}$$

$$F_i(P_i) = a_i + b_i P_i + c_i P_i^2 \tag{4-2}$$

其中 C_T、F_i（P_i）及 n 分别表示总的发电成本、发电机 i 的发电成本函数及系统中的发电机数量；a_i、b_i及 c_i是发电机 i 的成本系数，P_i为发电机 i 的输出功率。

当考虑到气轮机进气阀突然开启出现的拔丝现象所产生的机组耗量特性阀点效应（valve-point effects）[166]时，目标函数可以被修改成以下的形式：

$$F_i(P_i) = a_i + b_i P_i + c_i P_i^2 + |e_i \sin(f_i(P_{i,\min} - P_i))| \tag{4-3}$$

式中 $|e_i \sin(f_i(P_{i,\min} - P_i))|$ 是阀点效应引起的耗量特性变化，其中 $P_{i,\min}$ 是发电机 i 的有功功率下限，e_i和 f_i是耗量特性系数。

二、等式约束

ED 问题的等式约束主要指电力平衡约束：

$$\sum_{i=1}^{N_g} P_i - P_L - P_D = 0 \tag{4-4}$$

其中 P_L和 P_D分别是总的网络传输损耗及总的负荷，N_g是发电机组的数量。工程人员通常使用 B 系数法计算网络传输损耗，P_L可以表示为：

$$P_L = \sum_{i=1}^{N_g} \sum_{j=1}^{N_g} P_i B_{ij} P_j + \sum_{i=1}^{N_g} B_{0i} P_i + B_{00} \tag{4-5}$$

其中 B_{ij}、B_{i0}及 B_{00}是系数。

三、不等式约束

ED 问题的不等式约束主要包括发电机输出约束以及死区约束。

1. **发电机输出约束**

每组发电机的有功功率都有上下限，所以发电机的输出要满足以下约束条件：

$$P_{i,\min} \leqslant P_i \leqslant P_{i,\max} \tag{4-6}$$

其中 $P_{i,\min}$和 $P_{i,\max}$分别是发电机 i 的有功功率的下限和上限。

在实际系统运行中，所有在线发电机的操作范围还受到发电机组自身爬坡速率的约束，即任意两个连续的运行时段内发电机组 i 输出功率的改变必须满足如下约束：

$$\begin{cases} P_i - P_i^0 \leqslant UR_i \\ P_i^0 - P_i \leqslant DR_i \end{cases} \tag{4-7}$$

其中P_i^0、UR_i和 DR_i是发电机 i 在上个运行时段的输出功率、爬坡速率的上限和下限。

当同时考虑到上述的两个约束时，发电机的输出约束可以用下式来表示：

$$\max\{P_{i,\min},\ P_i^0 - DR_i\} \leqslant P_i \leqslant \min\{P_{i,\max},\ P_i^0 + UR_i\} \tag{4-8}$$

2. **工作死区约束**

发电机组输出一般还受到其工作死区的限制，如水电机组的气蚀区、振动区等，机组必须在这些死区外运行。相应的数学表达式为：

$$P_i \in \begin{cases} P_i^{\min} \leqslant P_i \leqslant P_{i,1}^l \\ P_{i,k-1}^u \leqslant P_i \leqslant P_{i,k}^l,\ k=2,\ 3,\ \cdots,\ n_{pz} \\ P_{i,n_{pz}}^u \leqslant P_i \leqslant P_i^{\max} \end{cases} \tag{4-9}$$

其中 n_{pz}、$P_{i,k}^l$及$P_{i,k}^u$分别是发电机 i 的死区个数，第 k 个死区的下限值和上限值。

第二节　双重精英提升量子粒子群算法

为了提升 QPSO 算法的全局搜索能力，结合 ED 问题求解过程中变量之间关系的特点，我们提出了一种双重精英提升策略。而针对 ED 问题复杂约束的特性，我们提出一种简单而有效的处理策略，包括一个改进的启发式的对违反约束的粒子位置向量的修改方法和基于线性递减概率来接受不可行解的 ***pbest*** 和 ***gbest*** 更新方法。以这两个策略为基础，我们提出一种面向 ED 问题的双重精英提升 QPSO 算法（DEP-QPSO-EDP）。下面首先介绍应用 QPSO 算法来解决 ED 问题时粒子的表示方法，然后对双重精英提升策略进行说明，最后具体描述包括约束处理在内的算法实现。

一、粒子的表示方法

一般情况下，应用 PSO 及其改进算法来解决 ED 问题，每个发电机组的输出被表示为一个粒子的位置向量的一个元素，每个粒子则表示一个候选解决方案。因此，群内的第 i 个粒子 Pg_i 可以被定义为：

$$Pg_i = [P_{i,1}, P_{i,2}, \cdots, P_{i,j}, \cdots, P_{i,N_g}] \tag{4-10}$$

二、双重精英提升策略

QPSO 算法在记忆中存储着算法运行过程中搜索到的优秀精英个体，本节我们结合 ED 问题的特点，在第二章精英提升算法框架上提出了一种适用于解决 ED 问题的精英信息提升策略，该策略除了包括第二章所提出的精英提升方法外，还根据粒子群算法求解 ED 问题的特点增加了另外一种精英提升方法。依据在执行的时序与 QPSO 算法的进化进程的不同关系，第二章所提出的精英提升方法被称为旁路精英提升方法（bias elitist promoting），而本章新提出的方法被称为串行精英提升方法（series elitist promoting）。图 4－1 说明了这两种精英提升方法如何被集成到 QPSO 的进化进程中。其中图左边是 QPSO 原有的算法结构，图右边是引入了精英提升策略后的 QPSO 算法结构。可以看出，旁路精英提升方法没有直接对 QPSO 算法中粒子的位置矢量产生影响，只是对算法所保存的精英个体进行影响；而串行精英提升方法在粒子位置每次更新后执行，利用精英个体的部分信息来直接影响粒子的新位置矢量。

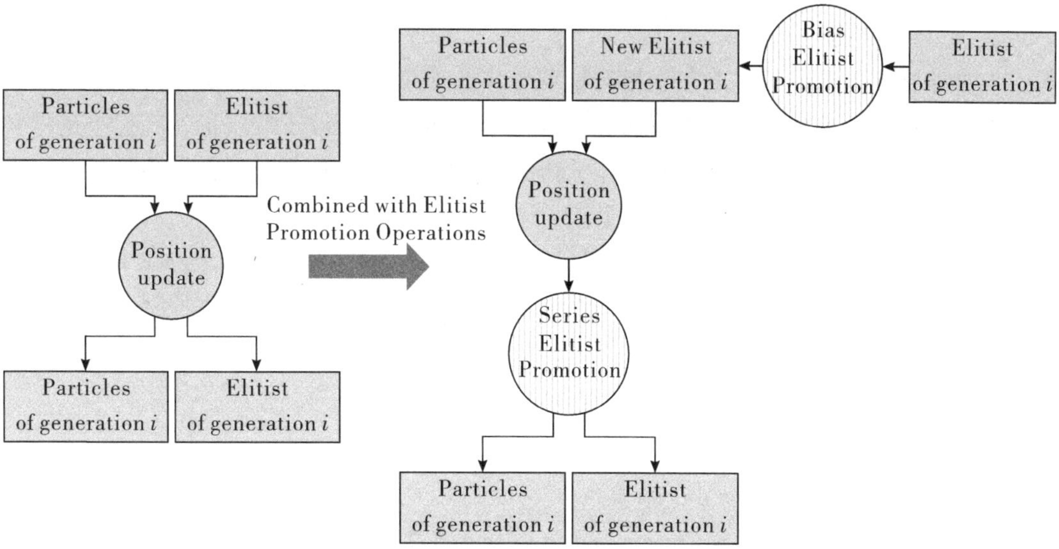

图 4－1　两种精英提升方法集成到 QPSO 算法的方式

1．旁路精英提升

旁路精英提升方法与第二章所提出的算法基本思想一致，由于 ED 问题中每个发电机组的输出相似性并不普遍，而均匀交叉算子的特点是能实现两个个体在相等位置变量上的交换，依据本算法中粒子的表示方法，基于均匀交叉算子，每个候选方案中的每个发电机组输出值只会被交换到另外一个候选方案中作为同一个发电机组的输出值。这对于不可行方案的违反约束程度和稳定性的保持是有帮助的，而在算法运行的早期，有相当比例的候选方案都为不可行方案。因此，为提升搜索效率和更好地处理约束条件，本算法采用均匀交叉算法来实现精英提升。此处的关键参数是每个周期中粒子群算法的连续迭代运行次数 λ 和精英提升操作的连续迭代运行次数 τ。用 f 来表示 ED 问题中已经考虑到约束处理的目标函数，旁路精英提升的伪代码在算法 4－1 中给出，其中目标函数 f 的优劣比较方法将在下一节算法实现中给出。

```
Procedure of Bias Elitist Promition
    For i = 1 to swarm size N
        epool[i] = pbest[i];
    Endfor
    epool_eb = uniform_crossover(epool);
    For i = 1 to swarm size N
        If f(epool_eb[i]) is better than f(pbest[i]);
            pbest[i] = epool_eb [i];
        Endif
    Endfor
    gbest = best of pbests;
```

算法 4－1　旁路精英提升方法的伪代码

2. 串行精英提升

与旁路精英提升方法重点在于提升精英个体的质量所不同的是，串行精英提升的重点是利用精英信息来提升粒子群算法在迭代过程中生成的新粒子的质量，流程上是将粒子群算法的常规迭代过程中所生成的粒子和由所有 ***pbest*** 组成的精英个体群中随机选择一个进行均匀交叉操作来生成新的提升个体。该方法主要受朴（Park）等[169]研究中的交叉操作的启发并在其基础上进行了改进。与朴（Park）等[169]研究中的方法将粒子新生成的位置和自身的 ***pbest*** 进行交叉的方法相比较，串行精英提升方法能在更大程度上提高粒子的分散性，从而增强算法的全局搜索能力。串行精英提升的伪代码在算法 4－2 中给出。

```
Procedure of Series Elitist Promition
  For i = 1 to swarm size N
    For j = 1 to D
      generate a random value randv1 within [0, 1];
      If randv1 > CR
        generate a random value randv2 within [0, 1];
        index = ceil(randv2*N);
        X[j] = pbest[index][i];
      Endif
    Endfor
  Endfor
```

算法 4－2　串行精英提升方法的伪代码

其中 *randv*1 和 *randv*2 是两个均匀分布在［0，1］内的随机数，而 *CR* 是预先设定用于控制交叉概率的参数，它的取值在［0，1］之内。

三、算法描述

基于上述的粒子表示方法以及双重精英提升策略，本节所提出的 DEP-QPSO-EDP 算法的执行步骤如算法 4－3 伪代码所示。

```
Procedure of DEP-QPSO-EDP
  initiate the swarm (in Section 3.3.3.1);
  Repeat
    update each particle;
    perform the Serial Elitist Promotion;
    if necessary, modify the particles to satisfy the constraint (in Section 3.3.3.2);
    update gbest and each pbest (in Section 3.3.3.3);
    If criterion is met
      perform the Bias Elitist Promotion;
    Endif
  Until maximum number of iterations is reached
```

算法 4－3 DEP-QPSO-EDP 算法的伪代码

其中斜体的加深字体部分将在下面分别进行详细说明。种群的初始化需要能满足问题的不等式约束，而更新后的每个违反约束的候选方案需要进行修改使之尽量符合约束条件，此外为了更好地解决约束问题，相应的 ***gbest*** 和 ***pbest*** 的更新也需要特定的处理方法。

1．初始化种群

根据式 4－8，发电机组 i 的最大和最小输出为：

$$\begin{cases} P'_{i,\min} = \max\{P_{i,\min},\ P_i^0 - DR_i\} \\ P'_{i,\max} = \min\{P_{i,\max},\ P_i^0 + UR_i\} \end{cases} \tag{4-11}$$

因此，粒子群中的每个粒子都基于下面的式子进行初始化：

$$P_{i,j}^{init} = P'_{j,\min} + randv_{i,j} \times (P'_{j,\max} - P'_{j,\min}) \tag{4-12}$$

其中 $randv_{i,j}$ 是均匀分布在［0，1］内的随机数。

2．修改粒子的位置

近年来出现的启发式约束处理方法的主要做法是在算法的每一次迭代运算中，细致而反复地对每个不可行解的某些元素的值进行调整，使不可行解变得满足约束条件[169～171]。由于 ED 问题的约束较多，这样细致地修改可能会使某些元素的值满足某个约束后却违反了另一个约束，导致对某个不可行解可能需要反复地修改。很明显，这种做法会带来沉重的运算负担，不利于有效地寻找最优解。实际上，发电机组的实际输出与理论值之间存在误差，所以在计算电力平衡约束时，一定程度的误差也是可以接受的，也即计算时可以存在一定的电力平衡耐受[172]。所以本节在朴（Park）等[169]研究的基础上提出了一种更为简单且高效的启发式约束处理方法，其核心思想是结合电力平衡耐受，对某个不可行解在经过了一定的修改后如果还无法满足约束条件时，以一定的概率放弃修改。该方法的具体流程如下：

步骤一 如果有需要，将第 i 个粒子位置矢量中的第 j 个元素按照下面的式子进行修改以满足不等式约束条件（4－8）：

$$P_{i,j}=\begin{cases}P_{i,j}, & \text{if } P'_{j,\min}\leqslant P_{i,j}\leqslant P'_{j,\max}\\ P'_{j,\min}, & \text{if } P_{i,j}<P'_{j,\min}\\ P'_{j,\max}, & \text{if } P_{i,j}>P'_{j,\max}\end{cases} \tag{4-13}$$

步骤二 如果第 i 个粒子位置矢量中的任意一个元素位于第 k 个死区当中，则按照以下的式子将其进行调整以符合不等式约束（4－9）：

$$P_{i,j}=\begin{cases}P^{l}_{i,k}, & \text{if}(P^{u}_{j,k}-P_{i,j})>(P_{i,j}-P^{l}_{j,k})\\ P^{u}_{i,k}, & \text{if}(P^{u}_{j,k}-P_{i,j})\leqslant(P_{i,j}-P^{l}_{j,k})\end{cases} \tag{4-14}$$

步骤三 设$P'_i=P_i$，并且将当前解的每个元素 j 的修改标志RF_j都设为 0。

步骤四 用式（4－5）计算 P_L（即网络传输损耗）。

步骤五 用下面的式子计算等式约束的违反程度：

$$P_{cv}=\sum_{i=1}^{N_g}P_i-P_L-P_D \tag{4-15}$$

并且当 P_{cv}的绝对值小于一个预先定义的耐受值 ε 时，则跳转到步骤八，否则跳转到步骤六。

步骤六 从当前的粒子的位置矢量中随机选择一个之前没有选择过的元素 j（即RF_j为 0），并将相应的RF_j设为 1，如果所有元素都曾经被选择过，则跳转到步骤八。

步骤七 按照下面的式子来调整元素 j 的值以符合等式约束条件：

$$P_{i,j}=\begin{cases}P_{i,j}-\min(P_{cv},\ (P_{i,j}-P'_{j,\min})\times randv), & \text{if } P_{cv}>0\\ P_{i,j}+\max(P_{cv},\ (P'_{j,\max}-P_{i,j})\times randv), & \text{if } P_{cv}\leqslant 0\end{cases} \tag{4-16}$$

其中 $randv$ 是均匀分布在［0，1］中的随机数。

如果元素 j 的值位于第 k 个死区当中，则按照步骤二的方法将其进行调整以符合不等式约束（4－9）；否则跳转到步骤五。

步骤八 如果$\max_{\forall j}\{|P_{i,j}-P'_{i,j}|\}<\delta$，则跳转到步骤九；否则跳转到步骤三。在此，$\delta$ 是解的收敛耐受参数，其计算方法如下：

$$\delta=\delta_1+(T-t)\times(\delta_0-\delta_1)/T \tag{4-17}$$

其中 T 是最大算法迭代运算代数，t 是当前迭代运算代数；δ_0和 δ_1分别是 δ 的初始值和结束值。

步骤九 结束。

3. **更新 *pbest* 及 *gbest***

从上述修改粒子位置的操作中容易看出，某个粒子在位置修改操作完成后不一定能被满足等式约束条件，所以为了让种群中大多数的粒子是可行的，我们提出了一个简单的基于 ε－耐受的 ***pbest*** 及 ***gbest*** 更新方法。该方法配合上述修改粒子位置值的方法，能较好地解决 ED 的多个约束条件所导致寻优效率较低的问题。该方法的具体流程如下所示：

步骤一　用式（4－5）计算 P_L（即网络传输损耗）。

步骤二　用下面的式子计算等式约束的违反程度的绝对值 *constr*：

$$constr = abs\left(\sum_{i=1}^{N_g} P_i - P_L - P_D\right) \tag{4-18}$$

如果 *constr* 比预先设置的耐受值 ε 要小，则将 *constr* 设为 0；否则按照下式来计算接受不可行解作为精英（***pbest*** 和 ***gbest***）的概率：

$$prob = t/T \tag{4-19}$$

其中 T 是最大算法迭代运算代数，t 是当前迭代运算代数。

然后按照下式对 *constr* 进行重新赋值：

$$constr = \begin{cases} 0, & \text{if } randv > prob \\ constr, & \text{if } randv \leqslant prob \end{cases} \tag{4-20}$$

其中 *randv* 是均匀分布在［0，1］中的随机数。

步骤三　用下列规则来更新每个粒子的 ***pbest***。

如果当前粒子的 *constr* 值比其 ***pbest*** 的 *constr* 值小，则将当前粒子设置为新的 ***pbest***；如果当前粒子的 *constr* 值与其 ***pbest*** 的 *constr* 值相等，并且当前粒子的目标函数值比其 ***pbest*** 的目标函数值小，则将当前粒子设置为新的 ***pbest***；其他情况则保持粒子的 ***pbest*** 不变。

步骤四　用下列规则来更新 ***gbest***。

在所有粒子的 ***pbest*** 中选择一个具有最小 *constr* 值的 ***pbest*** 作为新的 ***gbest***；如果有多于一个 ***pbest*** 具有最小的 *constr* 值，则在其中选择具有最小目标函数值的一个 ***pbest*** 作为新的 ***gbest***。

第三节　双重精英提升 QPSO 算法的算例分析

为了验证所提出的 DEP-QPSO-EDP 算法的性能，我们进行了基于三个具有不同约束条件或者不同数量的发电机组的电力系统的算例进行分析。这三个算例包括：（Ⅰ）具有死区约束、爬坡速率约束及传输网络损耗的 15 单元电力系统；（Ⅱ）具有死区约束、爬坡速率约束和阀点效应的 40 单元电力系统；（Ⅲ）具有死区约束、爬坡速率约束和阀点效应的 140 单元的韩国电力系统。

为了比较算法求解出来的方案的质量，我们将 DEP-QPSO-EDP 算法对每个算例独立计算了 50 次，相应的参数设置如下：

（1）对于算例Ⅰ、算例Ⅱ和算例Ⅲ，最大的目标函数计算次数（FEs）分别为 6000、

20000 及 20000 次；

（2）种群规模为 20；

（3）收缩扩张因子 α 的计算采用式子 $\alpha=\alpha_1+(T-t)\times(\alpha_0-\alpha_1)/T$，其中 t 是当前迭代次数，而 T 是算法最大迭代次数，$\alpha_0=0.6$，$\alpha_1=0.5$；

（4）在串行精英提升操作中的交叉概率 CR 设为 0.6；

（5）每个周期中粒子群算法的连续迭代运行次数 λ 和旁路精英提升操作的连续迭代运行次数 τ 分别设为 2 和 1。

（6）ε 设为 $1\times10^{-10}\times$（总系统负荷），这比杜贝（Dubey）等[172]的研究设置的要严格得多。

为了进行直接的比较，将孙（Sun）等[166]研究中提出的应用于解决 ED 问题的 QPSO 算法及两种改进算法在与 DEP-QPSO-EDP 算法相同的种群规模及最大的目标函数计算次数下进行了实验。同时，为了验证本章所提出的两种精英提升方法及改进的启发式约束处理的效率，我们将本章所提出的启发式约束处理方法及朴（Park）等[169]研究中所提出的约束处理方法都和原始的 QPSO 算法结合起来分别构成两种对比算法：QPSO-EDP（1）和 QPSO-EDP（2）。这两种对比算法的实验参数与 DEP-QPSO-EDP 算法设置为一致。并且，其他在众多文献中报道的先进算法在这三个算例中的寻优结果也分别列出来用于算法性能的对比。

仿真环境为：Lenovo notebook PC，4 GB RAM，Core i3 2.13 GHz CPU clock speed，Microsoft Windows 7，MATLAB 2010a。

对于每个算例，对应的结果有两个表格：其中一个表格用于列出 DEP-QPSO-EDP 算法在 50 次独立运行中所搜索到的最优方案的详细信息，包括每台发电机的输出、总发电成本和网络传输损耗（如果系统模型中包括的话）。这分别对应算例Ⅰ、算例Ⅱ和算例Ⅲ的表 4－1、表 4－3 和表 4－5。另一个表格主要包含了 DEP-QPSO-EDP 算法在 50 次独立运行中所搜索到的最优、平均及最差解的值，而其他先进算法的相应解值及取得这些结果分别所需要的最大的目标函数计算次数也被直接列在了该表中。这分别对应算例Ⅰ、算例Ⅱ和算例Ⅲ的表 4－2、表 4－4 和表 4－6。此外，为了评估本章所提出的约束处理方法对降低运算负荷的效果，DEP-QPSO-EDP、QPSO-EDP（1）和 QPSO-EDP（2）运算所需要的平均 CPU 时间也分别列在了对应算例Ⅰ、算例Ⅱ和算例Ⅲ的表 4－2、表 4－4 和表 4－6 中。

为了更直观地对算法的收敛性能进行评价，我们还将 DEP-QPSO-EDP、QPSO-EDP（1）和 QPSO-EDP（2）这三个算法在每个算例的 50 次运算中所求得的函数适应度值对应中位数或者最接近中位数的该次实验的收敛速度分别在图 4－2、图 4－3 和图 4－4 中进行展示。

一、算例Ⅰ

该系统包括 15 个单元的发电机组，系统负荷为 2630 MW，机组参数包括能源耗费系数、发电能力、传输网络损耗、死区约束及爬坡速率约束等，这些参数可以在蔡（Cai）等[173]研究中找到。优化算法在该系统上主要面临的困难是非线性和非连续的决策空间，以及需要满足包含了网络传输损耗的电力平衡约束条件。

本节算法在本算例上的50次求解中最优结果的发电机组输出结果、总网损以及能源耗费展示在表4-1中。DEP-QPSO-EDP的50次求解的目标函数值的统计结果以及用于比较多个算法目标函数值的相应统计结果列在了表4-2中，表中“—”表示在算法对应的文献中没有提供相应的数据，所有参与对比的结果中最优用深黑色字体及灰色背景来进行强调，以下相同不再赘述。此外，为了实现公平的比较，所有算法取得相应结果的目标函数计算次数（FEs）也列在了表中。

表4-1 DEP-QPSO-EDP算法在50次运行中获得的最优结果（算例Ⅰ）

Bus no.	Output	Bus no.	Output
P_1 (MW)	454.9997	P_9 (MW)	60.5887
P_2 (MW)	380	P_{10} (MW)	159.9958
P_3 (MW)	129.9998	P_{11} (MW)	80
P_4 (MW)	130	P_{12} (MW)	79.9992
P_5 (MW)	170	P_{13} (MW)	25
P_6 (MW)	459.9998	P_{14} (MW)	15
P_7 (MW)	430	P_{15} (MW)	15
P_8 (MW)	69.7781		
ΣP_i (MW)		2660.3611	
P_{loss} (MW)		30.3611	
F_{total} ($/h)		32701.1557	

表4-2 参与对比的优化算法的寻优结果（算例Ⅰ）

Methods	Best cost ($/h)	Worst cost ($/h)	Mean cost ($/h)	FEs	CPU time (s)
PSO[175]	32858.00	33331.00	33105.00	20000	/
GA[175]	33113.00	33337.00	33228.00	20000	/
SA-PSO[176]	32708.00	32789.00	32732.00	20000	/
IPSO[177]	32709	—	32784.5	10000	/
DSPSO-TSA[178]	32715.06	32730.39	32724.63	6000	/
MTS[179]	32716.87	32796.13	32767.4	100000	/
IA_EDP[174]	**32698.20***	32823.78	32750.22	20000	/
QPSO[166]	33014.21	33342.30	33148.77	6000	/
QPSO-DM (1)[166]	32970.85	33406.27	33163.26	6000	/

续上表

Methods	Best cost（$/h）	Worst cost（$/h）	Mean cost（$/h）	FEs	CPU time（s）
QPSO-DM（2）[166]	32927.93	33353.23	33156.34	6000	/
QPSO-EDP（1）	32707.99	32718.39	32712.02	6000	4.27
QPSO-EDP（2）	32710.14	32719.27	32716.94	6000	6.35
DEP-QPSO-EDP	**32701.16**	**32701.18**	**32701.17**	6000	4.68

* 在算法 IA_EDP 中，其最佳结果不能满足电力平衡约束要求。

从表 4－2 可以看出，本章所提出的 DEP-QPSO-EDP 算法在本算例中除了 IA_EDP[174]之外，在所有参与对比的算法中以最低的 FEs 次数取得了最优结果。然而，值得注意的是，根据其提供的每组详细发电机组的输出值，IA_EDP[174]算法所取得的最优解的真实网络传输损耗实质上不是其给出的 30.0187，而是 30.2825。这说明了算法 IA_EDP[174]所给出的最优解的总电力输出比额定系统负荷加上网络传输损耗要显著小很多，也意味着文献[174]中报道的最优解是不可行解。所以从表 4－2 中，我们可以总结出本章所提出的 DEP-QPSO-EDP 算法在参与对比的所有算法中不仅具有最强的寻优能力，而且还具有较高的运算效率。此外，DEP-QPSO-EDP 的稳定性可以通过其所搜索到的最劣解和最优解的差别仅仅为最优解的不到 0.01% 这一事实来得到证明。

DEP-QPSO-EDP 算法的两个关键策略的性能也在实验结果中得到体现。一方面，由于采用的是相同的约束处理方法，增加了双重精英提升策略的 DEP-QPSO-EDP 算法比基于原始 QPSO 的 QPSO-EDP（1）算法较优，这一结果证明了双重精英提升策略有利于提升 QPSO 算法的全局搜索能力。另一方面，基于本章所提出的约束处理策略的 QPSO-EDP（1）算法，不论在寻优结果还是运行效率方面都优于基于朴（Park）等[169]所提出的约束处理策略的 QPSO-EDP（2）算法。并且，基于精英提升策略的 DEP-QPSO-EDP 算法仅仅比没有加入精英提升策略的 QPSO-EDP（1）算法增加了不到 10% 的额外处理时间。

此外，表格中的寻优结果也进一步印证了基于启发式约束处理策略的算法如 QPSO-EDP（1）、QPSO-EDP（2）、IPSO，以及本章提出的 DEP-QPSO-EDP 都比基于罚函数约束处理策略的算法在寻优效率上要优秀。

在图 4－2 中，DEP-QPSO-EDP 算法在迭代运算的早期就已经非常接近于最终的最优解，很明显在收敛性上要优于作为对比的 QPSO-EDP（1）和 QPSO-EDP（2）算法。

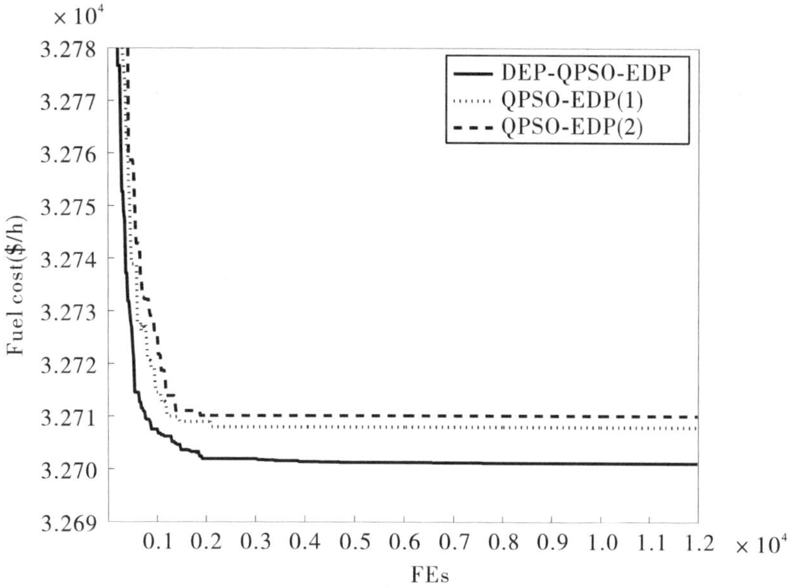

图 4－2　算法在算例 I 上的收敛速度对比

二、算例Ⅱ

该系统包括 40 个单元的发电机组，系统负荷为 10500 MW，机组参数包括能源耗费系数、阀点效应系数、发电能力、爬坡速率约束及死区约束等，能源耗费系数、阀点效应系数、发电能力、爬坡速率约束可以在尼坎姆（Niknam）等[180]的研究表 7 中找到，而死区约束可以在该研究的表 12 中找到。由于系统中所有的发电机组都有阀点效应，这导致了目标函数的不平滑，解空间也包含了多个局部最小值，并且由于发电机组数量较多，导致了算法在该算例上难以搜索到全局最优。

从表 4－3 中可以看出，DEP-QPSO-EDP 在所有参与比较的算法中，能以最低的 FEs 为代价获得最优的解，且在 50 次的独立运算中所求得的最优和最劣解均在所有解平均值的 ±0.01% 以内，因此，我们可以得出 DEP-QPSO-EDP 能在算例Ⅱ中产生稳定的较优的解这一结论。

与在算例 I 中的结果类似，双重精英提升策略和改进的约束处理策略的效率也同样在表 4－3 中的 DEP-QPSO-EDP、QPSO-EDP（1）和 QPSO-EDP（2）这三种算法所求得的解和所需要的运算时间的对比中得到了验证。

而在收敛速度上，从图 4－3 中可以看出本章提出的 DEP-QPSO-EDP 在三种对比算法中是最优的。

表 4－3　DEP-QPSO-EDP 算法在 50 次运行中获得的最优结果（算例Ⅱ）

Bus no.	Output	Bus no.	Output	Bus no.	Output	Bus no.	Output
P_1（MW）	110. 7998	P_{11}（MW）	168. 7821	P_{21}（MW）	523. 2794	P_{31}（MW）	190. 0000
P_2（MW）	110. 7998	P_{12}（MW）	168. 0552	P_{22}（MW）	523. 2794	P_{32}（MW）	190. 0000
P_3（MW）	97. 3999	P_{13}（MW）	214. 7598	P_{23}（MW）	523. 2794	P_{33}（MW）	190. 0000
P_4（MW）	179. 7331	P_{14}（MW）	400. 0000	P_{24}（MW）	523. 2794	P_{34}（MW）	164. 7998
P_5（MW）	87. 7999	P_{15}（MW）	394. 2794	P_{25}（MW）	523. 2794	P_{35}（MW）	164. 7998
P_6（MW）	140. 0000	P_{16}（MW）	304. 5196	P_{26}（MW）	523. 2794	P_{36}（MW）	164. 7998
P_7（MW）	259. 5997	P_{17}（MW）	489. 2794	P_{27}（MW）	10. 0000	P_{37}（MW）	110. 0000
P_8（MW）	284. 5997	P_{18}（MW）	489. 2794	P_{28}（MW）	10. 0000	P_{38}（MW）	110. 0000
P_9（MW）	284. 5997	P_{19}（MW）	511. 2794	P_{29}（MW）	10. 0000	P_{39}（MW）	110. 0000
P_{10}（MW）	130. 0000	P_{20}（MW）	511. 2794	P_{30}（MW）	87. 7999	P_{40}（MW）	511. 2794
ΣP_i（MW）	10500. 0000					F_{total}（$/h）	121472. 7668

表 4－4　参与对比的优化算法的寻优结果（算例Ⅱ）

Methods	Best cost（$/h）	Worst cost（$/h）	Mean cost（$/h）	FEs	CPU time（s）
NAPSO [180]	121491. 0662	121491. 5261	121491. 2756	100000	/
FAPSO [180]	122261. 3706	122597. 5196	122471. 0751	100000	/
PSO [180]	124875. 8523	125368. 9204	125162. 7011	100000	/
IABC[181]	121491. 2751	121582. 3865	121539. 4175	100000	/
IABC-LS[181]	121488. 7636	121582. 2525	121526. 0333	100000	/
QPSO[166]	126615. 4498	128679. 5909	128621. 1241	20000	/
QPSO-DM（1）[166]	131291. 9433	131586. 1562	131368. 4071	20000	/
QPSO-DM（2）[166]	131318. 4412	133393. 5961	131739. 5250	20000	/
QPSO-EDP（1）	121681. 46	121708. 01	121693. 42	20000	5. 38
QPSO-EDP（2）	121875. 23	121907. 26	121895. 49	20000	7. 96
DEP-QPSO-EDP	**121472. 77**	**121483. 67**	**121477. 52**	20000	6. 15

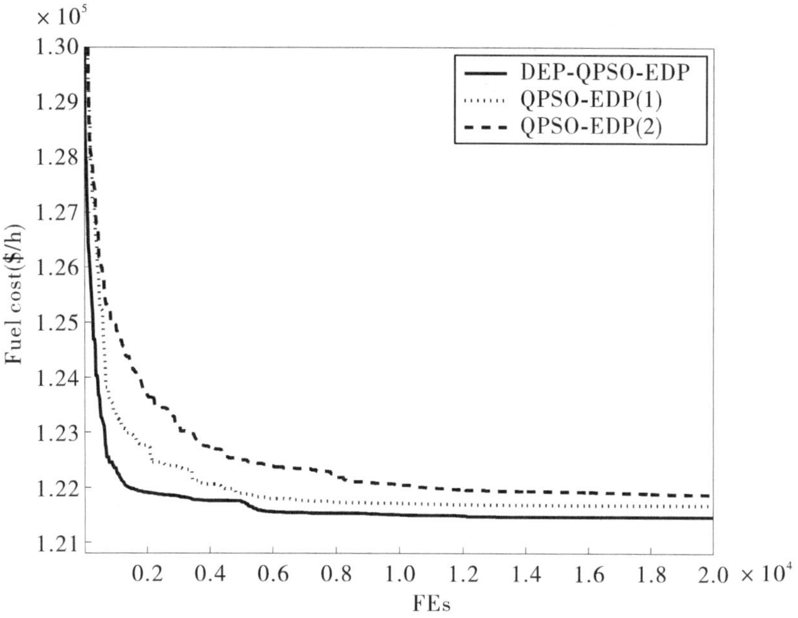

图 4－3 算法在算例Ⅱ上的收敛速度对比

三、算例Ⅲ

该算例是韩国的大规模电力系统，包括 140 个发电机组，系统负荷为 49342 MW，机组参数包括能源耗费系数、发电能力、死区约束、爬坡速率约束及阀点效应系数等，这些参数可以在朴（Park）等[169]研究中找到。由于该算例具有庞大的变量数，使得算法搜索到全局最优的难度比在算例Ⅱ上更大。

表 4－5 给出了 DEP-QPSO-EDP 算法在算力Ⅲ上的 50 次运算所获得的最优结果。

通过表 4－6 可以看出，DEP-QPSO-EDP 算法的 50 次求解中最劣的结果也比其他算法最优的结果要优，这说明 DEP-QPSO-EDP 算法在解决大规模的 ED 问题上具有一定的优势。此外，DEP-QPSO-EDP 算法所求得的解均在所有值的均值的 ±0.01% 之内，这说明了 DEP-QPSO-EDP 算法具有较高的稳定性。同样，DEP-QPSO-EDP、QPSO-EDP（1）和 QPSO-EDP（2）的运算结果和所需时间的对比能很好地支持本章所提出的双重精英提升策略和改进的启发式约束处理策略的有效性。

在图 4－4 中，DEP-QPSO-EDP 算法展示了在解决大规模的非凸 ED 问题中优秀的收敛性能。

表 4－5　DEP-QPSO-EDP 算法在 50 次运行中获得的最优结果（算例Ⅲ）

Bus no.	Output	Bus no.	Output	Bus no.	Output	Bus no.	Output	Bus no.	Output
P_1(MW)	117.2970	P_{29}(MW)	500.9966	P_{57}(MW)	103.8112	P_{85}(MW)	115.0175	P_{113}(MW)	94.1953
P_2(MW)	188.7133	P_{30}(MW)	501	P_{58}(MW)	198.0444	P_{86}(MW)	207.0494	P_{114}(MW)	94.0038
P_3(MW)	189.8084	P_{31}(MW)	506	P_{59}(MW)	311.5666	P_{87}(MW)	207.0172	P_{115}(MW)	244
P_4(MW)	190	P_{32}(MW)	505.9437	P_{60}(MW)	285.0454	P_{88}(MW)	177.3728	P_{116}(MW)	244.2227
P_5(MW)	168.5109	P_{33}(MW)	505.9441	P_{61}(MW)	163.5463	P_{89}(MW)	176.1600	P_{117}(MW)	244.0369
P_6(MW)	188.1695	P_{34}(MW)	505.9737	P_{62}(MW)	95.4018	P_{90}(MW)	175.0217	P_{118}(MW)	95.1762
P_7(MW)	489.9914	P_{35}(MW)	499.8883	P_{63}(MW)	160.7681	P_{91}(MW)	175.1082	P_{119}(MW)	95.0278
P_8(MW)	489.9733	P_{36}(MW)	499.9484	P_{64}(MW)	165.9874	P_{92}(MW)	579.9638	P_{120}(MW)	116.0736
P_9(MW)	495.9999	P_{37}(MW)	240.9973	P_{65}(MW)	487.1185	P_{93}(MW)	644.9552	P_{121}(MW)	175.0168
P_{10}(MW)	495.9738	P_{38}(MW)	240.9804	P_{66}(MW)	197.9387	P_{94}(MW)	983.9236	P_{122}(MW)	2.1429
P_{11}(MW)	495.9997	P_{39}(MW)	773.9365	P_{67}(MW)	488.8266	P_{95}(MW)	978	P_{123}(MW)	4.0436
P_{12}(MW)	495.9950	P_{40}(MW)	768.9871	P_{68}(MW)	490	P_{96}(MW)	681.9999	P_{124}(MW)	15
P_{13}(MW)	505.9779	P_{41}(MW)	3.0000	P_{69}(MW)	130.1504	P_{97}(MW)	719.9820	P_{125}(MW)	9.0005
P_{14}(MW)	508.9738	P_{42}(MW)	3.0091	P_{70}(MW)	234.8483	P_{98}(MW)	718	P_{126}(MW)	12.0286
P_{15}(MW)	505.9993	P_{43}(MW)	249.7749	P_{71}(MW)	137.3286	P_{99}(MW)	719.9486	P_{127}(MW)	10.0056
P_{16}(MW)	504.9864	P_{44}(MW)	242.9736	P_{72}(MW)	325.2732	P_{100}(MW)	963.9992	P_{128}(MW)	112.1078
P_{17}(MW)	505.9858	P_{45}(MW)	249.9237	P_{73}(MW)	195.6645	P_{101}(MW)	957.9839	P_{129}(MW)	4.0005
P_{18}(MW)	505.8171	P_{46}(MW)	249.3941	P_{74}(MW)	175.3521	P_{102}(MW)	1006.9750	P_{130}(MW)	5.0025
P_{19}(MW)	504.8906	P_{47}(MW)	244.7004	P_{75}(MW)	186.0201	P_{103}(MW)	1005.9920	P_{131}(MW)	5
P_{20}(MW)	504.9952	P_{48}(MW)	248.0422	P_{76}(MW)	175.1273	P_{104}(MW)	1012.9910	P_{132}(MW)	50.3038
P_{21}(MW)	504.9956	P_{49}(MW)	249.8546	P_{77}(MW)	175.5258	P_{105}(MW)	1019.9920	P_{133}(MW)	5.0258
P_{22}(MW)	504.9881	P_{50}(MW)	249.7768	P_{78}(MW)	330.9662	P_{106}(MW)	953.9933	P_{134}(MW)	42.0002
P_{23}(MW)	504.9728	P_{51}(MW)	169.2291	P_{79}(MW)	530.8824	P_{107}(MW)	952	P_{135}(MW)	42.0500
P_{24}(MW)	504.9863	P_{52}(MW)	165.0001	P_{80}(MW)	530.9256	P_{108}(MW)	1006	P_{136}(MW)	41.0118
P_{25}(MW)	536.9815	P_{53}(MW)	165.7448	P_{81}(MW)	366.5174	P_{109}(MW)	1012.9980	P_{137}(MW)	17.0102
P_{26}(MW)	536.7416	P_{54}(MW)	165.5105	P_{82}(MW)	56.01368	P_{110}(MW)	1021	P_{138}(MW)	7
P_{27}(MW)	548.9839	P_{55}(MW)	180.0231	P_{83}(MW)	115.1456	P_{111}(MW)	1014.9750	P_{139}(MW)	7.1937
P_{28}(MW)	548.7910	P_{56}(MW)	180	P_{84}(MW)	115.0067	P_{112}(MW)	94.1349	P_{140}(MW)	26.9094
ΣP_i(MW)			49342.0000		F_{total}($/h)		1559989.4523		

表 4－6　参与对比的优化算法的寻优结果（算例Ⅲ）

Methods	Best cost（$/h）	Worst cost（$/h）	Mean cost（$/h）	FEs	CPU time（s）
IPSO[169]	1657962.73	1657962.73	1657962.73	300000	/
CQGSO[167]	1657962.72	1657962.77	1657962.74	120000	/
DEL[182]	1657962.71	—	1658001.70	225000	/
DE[183]	1566264.99	1566308.37	1566285.56	250000	/
IDE[183]	1564648.66	1564682.73	1564663.54	250000	/
QPSO[166]	1795570.26	1896439.75	1837102.23	20000	/
QPSO-DM（1）[166]	1826727.13	1926994.21	1882621.38	20000	/
QPSO-DM（2）[166]	1836848.28	1925476.87	1883407.62	20000	/
QPSO-EDP（1）	1562612.57	1564828.72	1564105.64	20000	7.21
QPSO-EDP（2）	1563052.83	1565314.23	1564482.81	20000	10.39
DEP-QPSO-EDP	**1559989.45**	**1560739.23**	**1560215.43**	20000	8.48

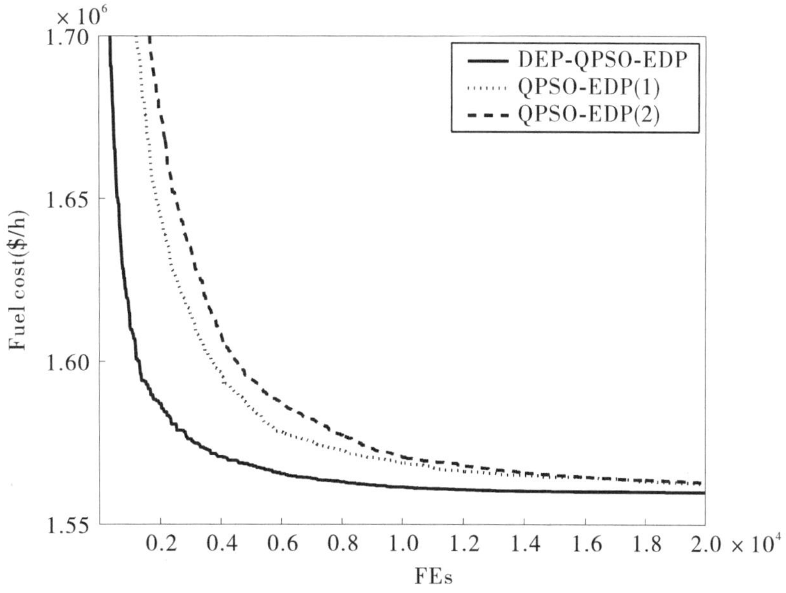

图 4－4　算法在算例Ⅲ上的收敛速度对比

本章小结

本章研究了电力系统经济负荷分配问题的特点，并基于前期对 QPSO 算法的研究，提出了用于提高算法寻优效率的双重精英提升策略、改进的启发式约束处理方法以及配合运行的粒子群 ***pbest*** 和 ***gbest*** 的更新方法。在这些方法之上提出的 DEP-QPSO-EDP 算法具有在ED问题上较高的寻优效率和较低的计算负荷的特点。算法在三种有代表性的，包括了非线性、非平滑和非凸等特性的典型算例中进行验证，在与多种最近提出的先进算法的对比中显示出了优秀的寻优能力，尤其在大规模的ED问题上更具有优势。DEP-QPSO-EDP算法可以作为一种高效的优化算法框架来为具有各种不同特性的ED问题寻找满意解。下一步工作可将DEP-QPSO-EDP算法应用到解决动态ED优化问题上。

第五章　基于精英播种和转座子的多目标粒子群算法

在针对单目标优化精英提升策略的核心思想基础上，我们针对多目标优化的特点，提出了一种精英播种的策略，进而提出了一种基于精英播种和转座子的多目标粒子群算法。

由于粒子群自身的算法结构简单，具有快速收敛等特性，基于粒子群的多目标优化算法在近年来得到了广大学者的关注，目前已经出现了多个版本的多目标粒子群优化算法。纯粹的多目标粒子群算法由于受粒子群算法自身容易早熟收敛的问题影响，在解决一些如多峰问题等难题时搜索的效率较低，难以收敛到全局最优，而混合算法结合了其他算法的优点，能较好地解决粒子群算法原有的问题，成为近年来研究的热点。这些混合算法中用到了许多不同的策略，而不同的策略会给算法带来不同方面的改进，在本书第一章中对这些常用的策略进行了说明。在对这些策略进行分析后，我们认识到粒子群算法与其他算法中的优秀思想和实现方法相结合，能在很大程度上提升算法性能，然而如何将这些其他算法的优秀成分与粒子群算法有机结合在一起，并且能不断容纳后续的新的源自其他算法的优秀成分加入，从而使多目标粒子群算法能被广泛地应用到解决各类具有不同特性的工程设计问题中，是本章需要解决的主要问题。本章提出的算法是一个框架，主要基于精英播种策略，即利用外部档案中的精英解通过多种算子来生成新种群，这也是从当前搜索种群中个体在适应度上的相互关系中学习精英解模式的思路，同时主要依赖转座子算子来增强全局搜索能力，此外还提出了一种能使粒子在搜索期间完成多个周期的粗略搜索和精细搜索的周期惯性权重的设定方法以提高搜索效率。实验证明算法能得到收敛性和分散性两方面都具有高竞争力的 Pareto 最优解集，尤其对于复杂多峰问题等求解难度较大的问题具有优异的求解性能。

第一节　算法要点

一、算法核心思想及算法流程

在讨论算法内容之前，我们首先了解两个指示粒子群搜索行为的概念：探索（exploration）和开发（exploitation）。前者用来表示粒子开拓新领域的能力，如果要搜索到全局最优，这种能力是必需的。后者指的是在已经搜索到的区域内进行进一步细化搜索，以期在附近找到比当前解更优的新解。这两种搜索能力的区别展示在图 5－1 中。

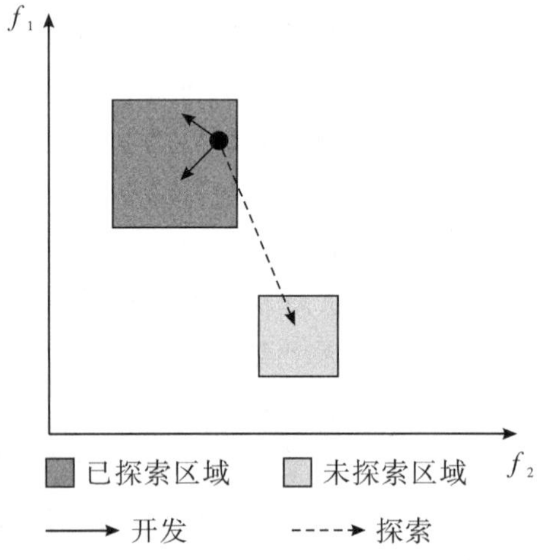

图 5－1　探索和开发示意图

本章所提出的基于精英播种和转座子的多目标粒子群算法（elitist seed repopulation particle swarm optimization algorithm with transposon，ESMOPSO-T），其主要思想包括以下三点：

（1）提出了精英播种策略来增强算法的收敛能力，这种策略主要是以一定比例从外部档案中选择精英粒子，并基于这些粒子来生成新的种群，其特征是在生成新种群的过程中主要基于转座子算子，当某个条件或者准则满足时，精英播种操作在粒子的两次位置更新迭代操作之间被插入执行。

（2）采用了转座子算子来提升算法的探索能力，即全局搜索能力，转座子算子不仅在精英播种操作时被用于生成新种群，还被用在对粒子的位置更新进行一定的扰动。

（3）提出了一种周期性的惯性权重，使算法能在运行的全程都兼顾探索和开发，从而提高算法对不同特性问题的处理性能。

算法的主流程在算法 5 - 1 中，其中黑斜体字表示的内容细节将在后续的内容中进行详细阐述。

```
Procedure of ESMOPSO-T
    For i = 1 to swarm size N
        randomize the position of each particle x[i];
        initiate the velocity of each particle v[i] = 0;
        evaluate x[i];
        pbest[i] = x[i];
    Endfor
    store the non-dominated vectors found in x into EXA;
    Repeat
        If elitist seed repopulation criterion is met
            elitist seed repopulation (in Section 5.2.2);
        Endif
        sort the solutions in EXA based on crowding degree values in descending order;
        For i = 1 to swarm size N
            select the leader from EXA (in Section 5.2.3);
            update v[i] with Eq. (1 - 17);
            update x[i] with Eq. (1 - 6);
        Endfor
        transposon operation on the position of each particles;
        For i = 1 to swarm size N
            evaluate x[i];
            If x[i] < pbest[i] Then pbest[i] = x[i];
        Endfor
        store the non-dominated solutions into EXA;
        If the size of EXA > the maximum size of EXA
            filter out the EXA based on crowding degree;
        Endfor
    Until maximum number of iterations is reached
```

算法 5 - 1　ESMOPSO-T 算法的伪代码

二、精英播种策略

在多目标优化算法中，外部档案通常用于存放在搜索过程中所获取的非支配解[96－98,184]。充分利用好外部档案的信息对于引导粒子搜索 Pareto 前沿的行为是非常有必要的。

具体而言，精英播种过程中，在若干代的位置更新迭代运算后，整个粒子群会被重新初始化，而粒子在初始化过程中会在搜索空间重新定位，而这都是由从外部档案中筛选出来的精英个体经过若干种算子的处理完成的。换言之，在这个过程中，从外部档案中被选中的粒子被当成种子来重构生成整个新粒子群从而开始一次新的粒子群运算循环。在粒子的常规搜索过程中，有相当部分的运动是低效的，并且由于算法结构导致的粒子快速收敛特性，粒子群算法很容易陷入局部最优。而这种问题是无法依靠加大种群的规模来解决的[12,13]。通过精英播种策略，能让粒子分享外部档案中所存储的信息（粒子搜索过程中所到达的最优位置信息），并借此让粒子重新定位到更为有利于后续搜索的位置，而且该过程也让粒子扩大了搜索范围。为了达到这个目标，重新初始化的粒子应该分散地分布到接近真实 Pareto 前沿的优势位置，以利于在后续的位置更新过程中取得进展，这就涉及三个关键的问题：①依据什么标准来选择种子？②应该选择多少个种子？③应用什么算子来生成新种群？

对于第一个问题，由于外部档案中的所有粒子都是非支配解，我们选择在密度最低的区域中的粒子来作为种子；而评估区域密度的方法有多种，可以选择依据 NSGA-Ⅱ算法中的拥挤距离[94]，也可以选择到 K 近邻的距离[90]等。而对于第二个问题，精英种群的使用分两个阶段，第一个阶段是保证新生成的种群具有一定的分散性，根据多次实验的结果，我们选择外部种群中数量为粒子数一半的精英成员参与转座子操作生成一半新种群成员，也即第一阶段的种子是粒子数的一半。第二阶段我们选择精英种群中的最优成员来生成剩下的一半新种群成员，对此我们使用了一个经验参数 θ 来确定第二阶段的种子个数，通常 θ 是一个小于 10 的数。对于第三个问题，很多算子都可以被引入实现新种群的生成过程，如交叉算子、变异算子、差分进化算子等；而在本算法中，我们主要引入了转座子算子，再配合上变异算子来完成新种群的再生。实现精英播种策略的伪代码参见算法 5－2。

```
Procedure Elitist Seed Repopulation
  If size of(EXA) > 0.5*N
    select 0.5*N particles in less crowded region from the EXA and copy to the transposon pool;
  Else
    copy all particles from EXA to the transposon pool;
  Endif
  generate the particles of new swarm from transposon pool based on transposon operation;
  select θ particles in less crowded region from the EXA and copy to the seeds pool;
  While the size of the new swarm < N
    randomly select one seed from the seeds pool;
    generate a particle of new swarm with polynomial mutation operator;
  Endwhile
  For i = 1 to N
    evaluate x[i];
    If x[i] < pbest[i] then pbest[i] = x[i];
  Endfor
  store the non-dominated solutions into EXA;
  If size of(EXA) > the maximum size of EXA
    filter out the EXA based on the crowding degree;
  Endif
```

算法 5－2　精英播种操作的伪代码

外部档案中包含了粒子的三部分信息：决策空间中的位置信息、目标函数值信息和在目标空间的分布信息。与前述的记忆信息整合过程相对应，精英播种实际上应用了后两种信息来筛选精英粒子，并引入转座子算子和变异算子来对所选择的精英粒子的位置信息进行整合。

其中，算法在生成转座子操作对象池后，依次以池中的成员为对象进行转座子操作，其伪代码如算法 2－5 所示。转座子的相关概念和操作可参见本书第二章第一节的相关内容。

在本章的算法实现中，精英播种操作以固定的频率来执行，即粒子群算法的位置更新迭代次数达到某个阈值，则启动精英播种操作，该阈值是一个预先设定的参数 λ。

本算法中转座子算子除了在精英播种操作中用于生成新种群之外，另一个主要用途是对每次粒子位置的迭代更新中对粒子进行扰动，具体做法与算法 2－5 相同。根据本书第二章中的说明，转座子算子有三个控制参数是需要事先设定的，包括跳跃率、每个染色体中的转座子个数（也即转座子操作次数）及转座子的长度[131]。在本章提出的算法中，前两个参数针对不同问题是固定的，不需要进行额外的考虑，其中在粒子位置更新中的跳跃率为0.1，在精英播种中产生新种群操作中的跳跃率为1，转座子数目都为1，而转座子的长度我们根据经验设置为一个粒子位置向量的所有分量个数的1/3再取整。

三、Leader的选择

Leader即粒子群算法速度更新方程中的全局最优 ***gbest***，由于多目标优化会产生若干个互相无法直接判断其优劣关系的最优解，所以在多目标粒子群算法中，Leader的选择一直是一个关键的问题。大部分的多目标粒子群算法从当前的非支配解中依据额外的评判标准来选择Leader。本章算法对Leader的选择，采用了与MOPSO-CD算法[97]及Micro-MOPSO[127]类似的方法：先将外部档案中的解按照其密度进行降序排列，然后从排在前面的解中选择一定比例的解作为备选对象，再为每个粒子从中随机选择一个作为Leader。

四、周期惯性权重

惯性权重 ω 被用来平衡粒子群的探索与开发能力，其设置被认为对粒子群算法的收敛行为至关重要[185]。较大的惯性权重能使粒子逃脱当前的局部区域到达未曾探索过的区域，这能增强粒子的全局搜索能力，而较小的惯性权重能让粒子注重在已知区域的精细搜索，从而增强局部搜索能力。通常在算法的早期，由于对搜索空间的未知度较高，全局搜索对于算法更重要。相反，在算法的后期，对已经搜索到的区域进行搜索能使算法实现收敛。通常在多目标粒子群算法中采用的是时变递减的方案[113]，即 ω 的值随着迭代次数 t 的递增由最大值 ω_{max} 递减到最小值 ω_{min}，其更新方程如式（1－9）。

然而，许多目标优化问题的搜索空间是非常复杂的，以较为粗糙的方式来完成搜索很难到达其真实Pareto前沿，式（1－9）中的时变惯性权重在整个搜索过程中只是简单地从最大值递减到最小值，在搜索的早期，较大的速度惯性使得搜索过程较为粗略，对于某些具有复杂Pareto前沿的问题，难以到达或者接近Pareto前沿；而在搜索的后期，粒子的搜索将往已经搜索到的较优解的方向进行，如果当前的最优解是局部最优解，则粒子逃逸出某个局部区域并到达某个更优的区域的概率将相对较小。特别是在多目标粒子群中，每个粒子所选择的Leader是不同的，如果只有少数几个Leader接近全局最优，而其余Leader仍处于局部最优的位置，则会导致选择粒子的整体搜索效率低下。为了解决这个问题，我们引入了一种周期时变的惯性权重，其更新方程为：

$$\omega^t = (\omega_{max} - \omega_{min})\frac{\omega_{int} - \mathrm{mod}(t,\ \omega_{int})}{\omega_{int}} + \omega_{min} \tag{5-1}$$

其中 ω_{int} 是时变间隔量，$\mathrm{mod}(t,\ \omega_{int})$ 是用 t 对 ω_{int} 取模操作。

周期时变的惯性权重使搜索不再限制于简单的由探索单向过渡到开发，而是允许粒子在注重探索和开发中来回切换若干次，分成几个周期来分别完成探索和开发。对于多目标优化中，通过某个周期的探索阶段，使某个粒子到达一个新的较优区域后，在当前周期的开发阶段，其余粒子将在该粒子附近进行精细搜索，从而使粒子在相应区域搜索到能作为粒子 Leader 的优秀解，在这个基础上进入下一个周期，再将重点切换到探索上，继续开发新区域，如此周而复始地进行，能在一定程度上提高粒子的搜索效率，从而改善算法的探索和开发能力。

第二节　实验及结果分析

我们通过仿真实验来验证本章算法在收敛性和分散性这两方面的性能。仿真实验主要通过将本章算法与其他三种先进算法在两个被广泛采用的测试函数集上的对比实验来完成。第一种对比算法是一种著名且被广泛用来作为对比标准的遗传算法 NSGA-Ⅱ[94]。第二种对比算法我们选择了一种虽然较早提出，但是被近年来的众多研究验证了优异性能[114]，并具有较为广泛影响力的多目标粒子群算法 OMOPSO[98]。第三种对比算法我们主要考虑了性能优秀以及包括转座子算子的利用这两个因素，选择了一种利用基于转座子的学习模型来改进 NSGA-Ⅱ 的算法（NSGA-Ⅱ + Learning paradigm based on jumping genes，JGBL）[137]。仿真实验的细节，包括测试函数、性能评价指标、参数设置、实验结果及分析将分别在下面的内容中进行说明。

一、测试函数

本章采用了源自两个著名的测试函数集 ZDT[186] 和 DTLZ[187] 的 12 个实数问题作为测试函数。其中 ZDT 测试集中包含了 6 个双目标函数，但是由于函数 ZDT5 的 Pareto 前沿只包含一个点，所以在本次测试中并没有包含 ZDT5。其余的 7 个三目标测试函数都源自 DTLZ 测试集，包括 DTLZ1 ~ DTLZ7。这些测试函数都分别具有不同的难度，如其 Pareto 前沿是非均匀分布的问题（ZDT6）或者是包含大量局部最优点的多峰问题（ZDT4、DTLZ3）等。

这些函数的定义可参见齐茨勒（Zitzler）等[186]研究和德布（Deb）等[187]研究。

二、性能评价指标

为了给一种算法提供定量的评估，很多研究已经提出了多种性能度量方法，在本章中，我们使用了三个被广泛采用的性能评价指标：GD（the generational distance）指标、SP（the spacing）指标、MS（the maximum spread）指标。

1. GD 指标

GD 指标[188]用来度量某个算法所搜索到的 Pareto 前沿 PF_{know} 与真实 Pareto 前沿 PF_{true}

的距离。GD 值越小表示所搜索到的 Pareto 前沿到真实 Pareto 前沿的差距越小。数学上，GD 指标的定义是：

$$GD = \sqrt{\sum_{i=1}^{n} ed_i^2} \Big/ n \tag{5-2}$$

其中 n 是所搜索到的 Pareto 前沿中解的总数，而 ed_i 是第 i 个解到其最近的真实 Pareto 前沿中的解的欧几里得距离。

2. SP 指标

SP 指标由肖特（Schott）[189] 提出，是一个对所搜索到的解的分散性（即均匀分布性）进行度量的指标。它的数学定义是：

$$SP = \sqrt{\sum_{i=1}^{n} (\bar{d} - d_i)^2 \Big/ (n-1)} \tag{5-3}$$

其中 d_i 是所搜索到的解集中的某个解 i 与其最近的邻居解的欧几里得距离，$\bar{d}$ 是所有 d_i 的平均值，n 是所搜索到的解集中解的个数。SP 越小，则反映了所搜索到的 Pareto 前沿的分布性越好。

3. MS 指标

MS 指标是表示算法搜索得到的 Pareto 前沿对真实 Pareto 前沿的覆盖程度的一个指标。通过由获得的 Pareto 前沿对应的目标函数极值以及真实 Pareto 前沿对应的目标函数极值构成的超方框来评估[188]。其数学定义是：

$$MS = \left[\sum_{i=1}^{m} \left[(\min(f_i^{max}, F_i^{max}) - \max(f_i^{min}, F_i^{min}))/(F_i^{max} - F_i^{min})\right]^2/m\right]^{1/2} \tag{5-4}$$

其中 f_i^{max} 和 f_i^{min} 是获得的 Pareto 前沿中第 i 个目标函数的最大值和最小值，F_i^{max} 和 F_i^{min} 是真实 Pareto 前沿中第 i 个目标函数的最大值和最小值。

MS 越大反映了获得的 Pareto 前沿对真实 Pareto 前沿的覆盖区域越大。

三、参数设置

本章所提出的算法在仿真实验中的参数设置如表 5-1 所示。其中密集度的评估基于 NSGA-Ⅱ算法所提出的拥挤距离。

表 5-1　ESMOPSO-T 算法的参数设置

参数	说明	值
N	Population size	50
EXN	External archive size	100
$c1$	Cognitive weight	1
$c2$	Social weight	1
ω	Inertia weight	$\omega_{max}=0.9$，$\omega_{min}=0.4$，$\omega_{int}=30$
λ	Frequency of elitist seed repopulation	3
θ	Number of seeds	4

比较算法中，两种遗传算法 NSGA-Ⅱ 和 NSGA-Ⅱ + JGBL 的种群数都为 100；OMOPSO 算法的粒子群规模和外部档案规模都为 100；两种遗传算法的交叉算子和变异算子相应采用模拟二进制交叉算子（SBX）以及多项式变异算子[6]，两种算子的分布索引分别是 $\eta c = 20$ 和 $\eta m = 20$，交叉及变异的概率分别是 $pc = 1$ 和 $pm = 1/n$，其中 n 是决策变量的数量。对于 NSGA-Ⅱ +JGBL，由于其改变了转座子算子的操作流程，所以参数只包含两个，分别设置跳跃率（jumping rate）为 0.6、跳跃比例（jumping percentage）为 0.5。

为了实现公平的比较，所有的算法都基于相同的目标函数计算次数。在本书内，一次目标函数计算表示一个粒子或者一条染色体一次的所有目标函数的计算。对于所有的双目标函数，停止条件是 20000 次的目标函数计算次数。对于 DTLZ 函数集，依据德布（Deb）等[187]研究中的设置，对于 DTLZ1 和 DTLZ2，停止条件是 30000 次的目标函数计算次数；对于 DTLZ4、DTLZ5 和 DTLZ7，停止条件是 30000 次的目标函数计算次数；对于 DTLZ3 和 DTLZ6，停止条件为 50000 次的目标函数计算次数。

四、结果及分析

对于每个测试函数，我们将所有参与比较的算法都在随机初始种群的条件下独立运行了 100 次，并且记录了每个测试函数上的中位值和四分位距作为结果的中心趋势及统计差量。实验结果在表 5 - 2 到表 5 - 4 中展示，其中括号外的为中位值，括号内的为四分位距，中位值最好的结果用深黑色字体及灰色背景来进行强调，如果有两种算法的中位值都是最佳，则具有较小的四分位距的结果被认为更佳。

表 5 - 2　GD 指标的中位值和四分位距

Test problems	ESMOPSO-T $\tilde{x}$（IQR）	NSGA-Ⅱ $\tilde{x}$（IQR）	NSGA-Ⅱ +JGBL $\tilde{x}$（IQR）	OMOPSO $\tilde{x}$（IQR）
ZDT1	**7.000E-05** **（1.100E-05）**	7.350E-05 （1.250E-05）	7.189E-05 （2.516E-05）	2.879E-03 （3.528E-04）
ZDT2	5.200E-05 （7.000E-06）	**4.600E-05** **（3.000E-06）**	4.712E-05 （3.709E-06）	3.387E-03 （5.058E-04）
ZDT3	**1.600E-04** **（1.700E-05）**	1.735E-04 （2.325E-05）	1.715E-04 （3.586E-05）	4.173E-03 （1.862E-03）
ZDT4	**6.950E-05** **（1.025E-05）**	6.405E-04 （5.078E-04）	3.119E-04 （2.851E-04）	1.405E+00 （1.704E+00）
ZDT6	**3.500E-05** **（2.000E-06）**	7.603E-03 （5.943E-04）	3.619E-05 （5.032E-04）	8.951E-02 （8.959E-02）

续上表

Test problems	ESMOPSO-T $\tilde{x}$ (IQR)	NSGA-Ⅱ $\tilde{x}$ (IQR)	NSGA-Ⅱ +JGBL $\tilde{x}$ (IQR)	OMOPSO $\tilde{x}$ (IQR)
DTLZ1	**6.380E-04 (3.425E-05)**	9.815E-04 (7.362E-03)	9.592E-04 (9.544E-04)	5.775E+00 (1.026E+00)
DTLZ2	**3.925E-04 (8.050E-05)**	1.283E-03 (2.335E-04)	1.778E-03 (1.507E-03)	1.254E-03 (1.003E-04)
DTLZ3	**1.531E-03 (4.675E-05)**	1.232E-02 (3.020E-02)	1.150E-02 (1.200E-02)	6.070E+01 (7.880E+00)
DTLZ4	**1.593E-03 (8.750E-05)**	2.041E-03 (1.900E-04)	4.039E-03 (2.162E-03)	1.718E-03 (1.668E-04)
DTLZ5	**4.300E-04 (2.375E-05)**	4.990E-04 (4.525E-05)	4.620E-04 (3.572E-05)	6.140E-04 (5.325E-05)
DTLZ6	**4.230E-04 (2.650E-05)**	5.940E-02 (2.023E-02)	4.495E-04 (3.147E-05)	4.806E-01 (6.213E-02)
DTLZ7	3.078E-03 (1.160E-03)	**1.992E-03 (9.350E-04)**	9.709E-03 (1.139E-02)	4.547E-03 (5.120E-04)

表 5-3 SP 指标的中位值和四分位距

Test problems	ESMOPSO-T $\tilde{x}$ (IQR)	NSGA-Ⅱ $\tilde{x}$ (IQR)	NSGA-Ⅱ +JGBL $\tilde{x}$ (IQR)	OMOPSO $\tilde{x}$ (IQR)
ZDT1	**4.542E-03 (2.263E-04)**	8.467E-03 (8.035E-04)	7.059E-03 (1.070E-03)	5.395E-03 (7.055E-04)
ZDT2	**3.914E-03 (8.295E-04)**	8.381E-03 (9.998E-04)	7.179E-03 (1.201E-03)	1.610E-02 (4.247E-03)
ZDT3	**4.997E-03 (2.078E-04)**	9.501E-03 (1.500E-03)	7.608E-03 (1.673E-03)	2.550E-02 (6.451E-03)
ZDT4	**4.514E-03 (1.958E-04)**	6.531E-03 (8.685E-04)	6.459E-03 (1.078E-03)	4.667E-02 (4.859E-02)
ZDT6	**3.666E-03 (1.140E-04)**	7.206E-03 (5.950E-04)	7.808E-03 (8.748E-04)	5.886E-02 (1.027E-01)
DTLZ1	**2.143E-02 (1.910E-03)**	2.312E-02 (9.307E-03)	2.310E-02 (5.884E-03)	4.051E+00 (1.591E+00)

续上表

Test problems	ESMOPSO-T $\tilde{x}$（IQR）	NSGA-Ⅱ $\tilde{x}$（IQR）	NSGAⅡ+JGBL $\tilde{x}$（IQR）	OMOPSO $\tilde{x}$（IQR）
DTLZ2	5.310E-02 (5.080E-03)	5.723E-02 (6.695E-03)	6.077E-02 (7.134E-03)	**3.782E-02 (2.522E-03)**
DTLZ3	**5.230E-02 (4.506E-03)**	6.518E-02 (7.608E-02)	6.064E-02 (1.360E-02)	4.615E+01 (1.058E+01)
DTLZ4	5.326E-02 (5.640E-03)	5.763E-02 (5.808E-03)	6.140E-02 (8.053E-03)	**3.782E-02 (2.596E-03)**
DTLZ5	**6.152E-03 (3.232E-04)**	9.188E-03 (1.064E-03)	8.694E-03 (1.135E-03)	3.854E-02 (1.043E-02)
DTLZ6	**6.134E-03 (3.093E-04)**	5.519E-02 (2.096E-02)	1.125E-02 (1.262E-03)	3.779E-01 (8.533E-02)
DTLZ7	6.806E-02 (1.964E-02)	6.765E-02 (3.878E-02)	8.540E-02 (2.721E-02)	**3.970E-02 (5.053E-03)**

表 5-4　MS 指标的中位值和四分位距

Test problems	ESMOPSO-T $\tilde{x}$（IQR）	NSGA-Ⅱ $\tilde{x}$（IQR）	NSGAⅡ+JGBL $\tilde{x}$（IQR）	OMOPSO $\tilde{x}$（IQR）
ZDT1	**1.000E+00 (0.000E+00)**	9.998E-01 (3.535E-04)	9.998E-01 (4.385E-04)	9.857E-01 (2.293E-03)
ZDT2	**1.000E+00 (1.500E-05)**	1.000E+00 (2.350E-05)	9.997E-01 (1.099E-03)	9.715E-01 (4.864E-03)
ZDT3	**1.000E+00 (8.100E-05)**	9.998E-01 (4.977E-04)	9.999E-01 (2.795E-04)	9.645E-01 (6.336E-03)
ZDT4	**1.000E+00 (0.000E+00)**	9.949E-01 (5.576E-03)	9.941E-01 (1.757E-02)	6.777E-01 (5.940E-02)
ZDT6	**1.000E+00 (0.000E+00)**	9.154E-01 (6.001E-03)	1.000E+00 (2.988E-08)	7.755E-01 (1.591E-01)
DTLZ1	**1.000E+00 (0.000E+00)**	**1.000E+00 (0.000E+00)**	**1.000E+00 (0.000E+00)**	**1.000E+00 (0.000E+00)**
DTLZ2	**1.000E+00 (0.000E+00)**	**1.000E+00 (0.000E+00)**	1.000E+00 (3.333E-07)	**1.000E+00 (0.000E+00)**

续上表

Test problems	ESMOPSO-T $\tilde{x}$ (IQR)	NSGA-Ⅱ $\tilde{x}$ (IQR)	NSGAⅡ + JGBL $\tilde{x}$ (IQR)	OMOPSO $\tilde{x}$ (IQR)
DTLZ3	**1.000E+00 (0.000E+00)**	**1.000E+00 (0.000E+00)**	**1.000E+00 (0.000E+00)**	**1.000E+00 (0.000E+00)**
DTLZ4	**1.000E+00 (0.000E+00)**	**1.000E+00 (0.000E+00)**	**1.000E+00 (0.000E+00)**	**1.000E+00 (0.000E+00)**
DTLZ5	**1.000E+00 (0.000E+00)**	**1.000E+00 (0.000E+00)**	1.000E+00 (9.024E-06)	**1.000E+00 (0.000E+00)**
DTLZ6	**1.000E+00 (0.000E+00)**	**1.000E+00 (0.000E+00)**	**1.000E+00 (0.000E+00)**	**1.000E+00 (0.000E+00)**
DTLZ7	**1.000E+00 (1.673E-04)**	1.000E+00 (2.903E-01)	9.995E-01 (5.155E-04)	9.791E-01 (5.236E-03)

在表 5-2 中，我们可以看出，本章所提出的 ESMOPSO-T 算法的 GD 指标在 12 个测试函数中的 10 个取得最佳。NSGA-Ⅱ算法在 ZDT2 函数上取得最佳，但是 ESMOPSO-T 算法在 ZDT2 函数上的结果与 NSGA-Ⅱ算法所取得的结果差别并不大。值得指出的是，ESMOPSO-T 算法在双目标多峰函数 ZDT4 及三目标多峰函数 DTLZ3 上取得的结果至少比其他算法要优一个数量级。

表 5-3 表明了 ESMOPSO-T 算法的 SP 指标在 12 个测试函数中的 9 个取得最佳，而且在那些未取得最佳的测试函数上，ESMOPSO-T 算法所取得的结果与最佳结果之间的差别也并不大。并且实验结果也显示了 ESMOPSO-T 算法在这些测试函数上取得了稳定的性能，能适用于解决测试函数所对应的各种特性的多目标优化问题。此外，ESMOPSO-T 算法在 DTLZ6 函数上所取得的结果明显优于所有的其他算法。

从表 5-4 中的结果可看出，ESMOPSO-T 算法能覆盖所有测试函数的真实 Pareto 前沿，而这是任意一种其他算法都无法做到的。

总体上，可以从实验结果看到，基于所提出的精英播种策略、转座子算子及周期惯性权重等特性，ESMOPSO-T 算法显示出在不同类型的多目标优化问题上的健壮性能。特别是对于多峰问题（ZDT4 及 DTLZ3），ESMOPSO-T 算法在收敛到真实 Pareto 前沿及保持解的分散性上的能力都更具有竞争力。

为了更直观地展示算法收敛到 Pareto 前沿的能力，我们选择了四个测试函数 ZDT4、ZDT6、DTLZ3 和 DTLZ6 作为例子来进一步说明。这些测试函数在所有算法中取得 GD 指标的中位值或者与中位值最接近的一次运行所搜索得到的 Pareto 前沿被分别显示在图 5-2 到图 5-5 中。很明显，本章提出的算法在解的收敛性和分散性上都优于所有对比算法。

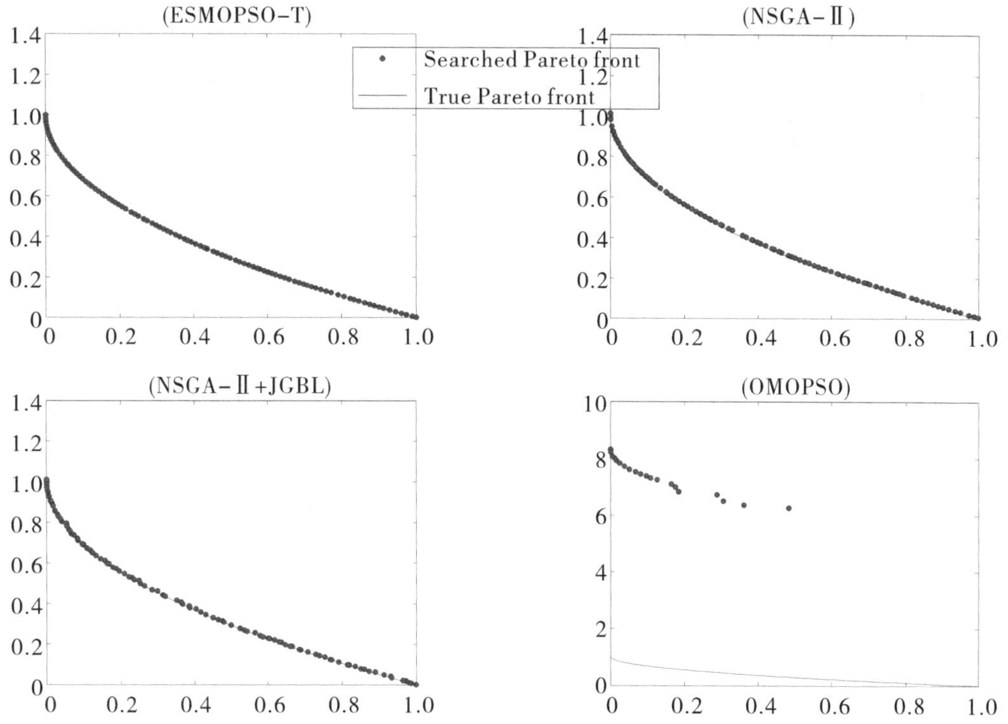

图 5-2　四种算法在 ZDT4 函数上获得的 Pareto 前沿

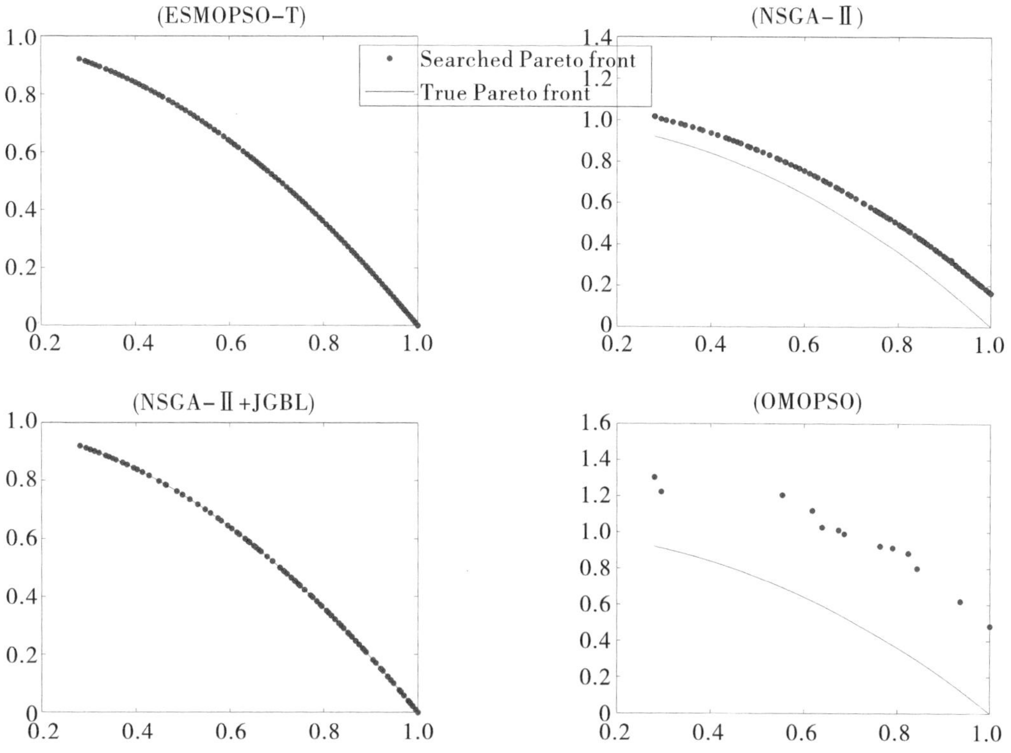

图 5-3　四种算法在 ZDT6 函数上获得的 Pareto 前沿

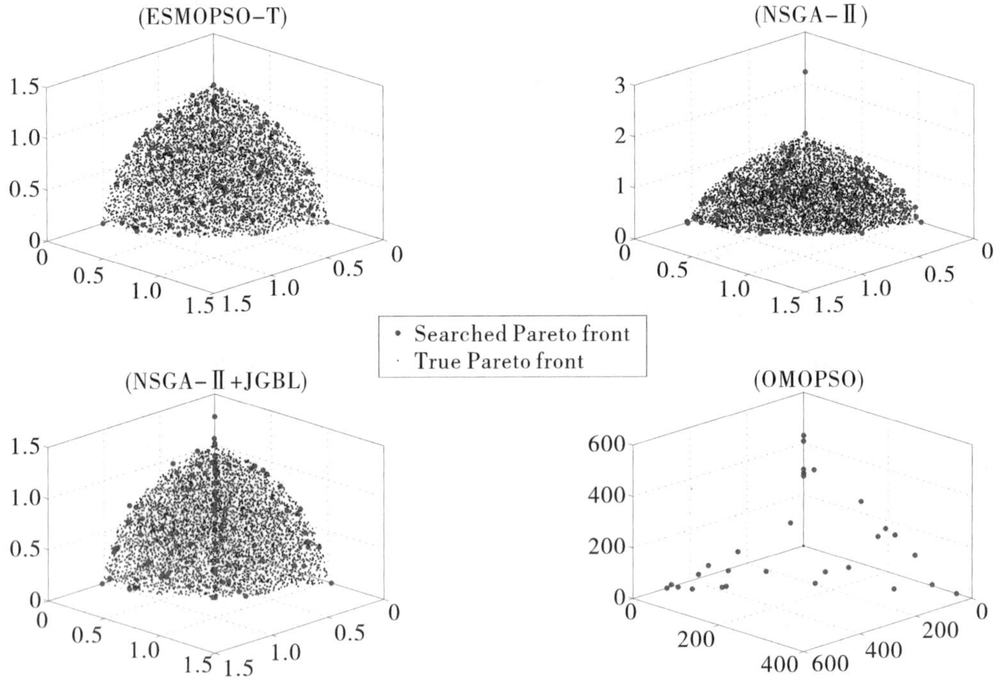

图 5-4　四种算法在 DTLZ3 函数上获得的 Pareto 前沿

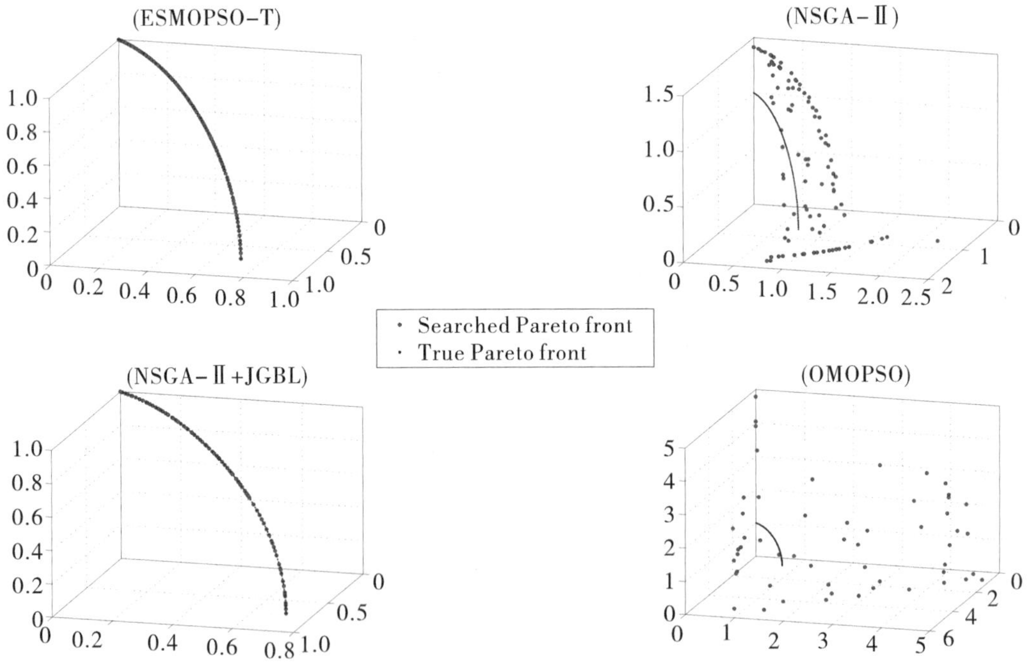

图 5-5　四种算法在 DTLZ6 函数上获得的 Pareto 前沿

图 5 - 2 显示了在 ZDT4 上，OMOPSO 未能收敛到真实 Pareto 前沿，而 ESMOPSO-T 算法则生成了较为均匀地分散在真实 Pareto 前沿中的非支配解，在分散性上较 NSGA-Ⅱ及 JGBL + NSGA-Ⅱ都要好。图 5 - 3 和图 5 - 5 则显示了在函数 ZDT6 和 DTLZ6 上，ESMOPSO-T 算法和 JGBL + NSGA-Ⅱ算法能较好地逼近真实 Pareto 前沿，而 ESMOPSO-T 算法在保持解的分散性上更具有优势。图 5 - 4 清楚说明了 ESMOPSO-T 是在 DTLZ3 上唯一能搜索到真实 Pareto 前沿并实现解集均匀分布的算法。

基于仿真实验，可以得出结论：与三种比较算法相比，ESMOPSO-T 在解决多目标优化问题中所求得的解集既能更好地收敛到真实 Pareto 前沿，又能保持均匀的分散性。

本章小结

本章提出了一种新型的结合了精英播种及转座子策略的多目标粒子群算法 ESMOPSO-T。精英播种策略是个体适应度关系学习模型的一种实现方法，使多目标粒子群算法在相应条件或者准则满足时会重新生成整个粒子群，而新粒子的初始位置是由外部档案中的精英粒子基于转座子及其他算子的运算得到的。这个过程实质上是对外部档案中的记忆信息的整合。由于转座子算子有利于加强算法的探索能力，为了解决粒子群算法中固有的早熟问题，我们将转座子算子以两种方式集成到本章算法中，包括在精英播种操作中用来实现新粒子群的生成以及在每次粒子的位置更新中对粒子的位置进行扰动。此外，我们还提出了能使粒子在搜索期间完成多个周期的粗略搜索和精细搜索的周期惯性权重来提高搜索效率。仿真实验结果表明，与参与比较的其他三种算法相比，ESMOPSO-T 算法在三种指标（GD 指标、SP 指标及 MS 指标）上都取得颇具竞争力的结果，并且 ESMOPSO-T 算法也被证明在处理多种具有不同特点的问题上具有较高的稳定性。在进一步的研究中，可在精英播种操作中引入更多的优秀算子实现新种群的再生，以及将 ESMOPSO-T 算法应用到某些复杂的工程实践问题上。

第六章　浮动搜索中心的粒子群及飞蛾扑火混合算法

本章提出了一种精英重组学习策略，即将算法在搜索过程中产生的精英个体进行组合再结合其他搜索策略，实现有效的搜索提升，并在此策略的基础上实现了一种结合粒子群算法和飞蛾扑火算法的混合算法。算法的特点之一是采用了粒子群算法中最具特色的个体最佳和全局最佳及其构成的局部吸引子，结合飞蛾扑火算法（moth-flame optimization，MFO）的螺旋式搜索模式。本章算法面向多层感知机（MLP）分类器优化问题，提出了一种新型的搜索策略（浮动火焰机制），其可被形象地认为在飞蛾向火焰飞舞的过程中，火焰是浮动的，因此本算法也可被称为浮动火焰飞蛾扑火算法（floating flame moth-flame optimization algorithm，FMFO）。

FMFO 算法具有以下四个关键优势：

（1）所提出的新型浮动火焰机制，采用了个体最佳和全局最佳进行随机结合的方式，再结合高斯变异操作和螺旋式搜索模式，实现了基于适应度相互关系的学习精英解模式的个体重组，增强了对有潜力的搜索区域的开发，从而提高了算法的开发搜索能力。此外，它引入了随机性到种群中，并增加了多样性以避免局部最优停滞。

（2）采用高斯变异操作作为辅助搜索方法，协助搜索代理（个体）以不同于粒子群算法或者飞蛾扑火算法的原始搜索模式的方式开发有潜力的区域。

（3）FMFO 继承了 MFO 的简单特性，对于求解不同的优化问题不需要进行额外的参数设置。

（4）FMFO 表现出与 MFO 相同的时间复杂度，且在收敛速度和计算时间方面在所有竞争算法中表现出竞争性能。

为验证所提出的 FMFO 性能，从 UCI 机器学习库中精心选择了 11 个测试数据集，以代表网络参数数量的广泛范围和各种优化难度水平。测试案例包含两类数据集和三类数据集，相应的网络参数数量从 55 至 2775 不等。实验结果显示了所提出的基于 FMFO 的 MLP 分类器训练方法的有效性和效率，该方法胜过了几种最先进的技术，包括 MFO、组合突变 MFO（enhanced MFO with mutation strategy，LGCMFO）[190]、改进 MFO（improved MFO，IMFO）[191]、量子粒子群优化（QPSO）[192]、灰狼优化器（grey wolf optimizer，GWO）[193]、改良正弦余弦算法（modified sine cosine algorithm with novel transition parameter and mutation operator，MSCA)[194] 和基于区域的差分进化算法结合对立学习(region-based differential evolution algorithm incorporation opposition-based learning，RDE-OP)[195]。

下面将对算法的搜索策略、算法整体流程、算法时间复杂度分析、实验及结果分别进行说明。

第一节 搜索策略

浮动火焰的概念可以用以下两个式子加以说明：

$$\boldsymbol{ES} = \{\boldsymbol{F}_1,\ \boldsymbol{F}_2,\ \cdots,\ \boldsymbol{F}_N\} \tag{6-1}$$

$$\boldsymbol{FF}_i^t = f(i,\ t,\ \boldsymbol{ES}) \tag{6-2}$$

其中 $\boldsymbol{ES}$ 是包含迄今为止找到的最佳 N 个解决方案的精英种群，$\boldsymbol{FF}$ 是包含使用 $\boldsymbol{ES}$ 成员生成的浮动火焰。浮动火焰的位置被设定为围绕着蛾子四处随机飘浮的特定点，就像火焰在有希望的区域随机飘浮一样。此外，从方程式（6－2）可以看出，某个浮动火焰的位置会因不同的蛾子而异。即使对于同一个蛾子，如果它处于不同的迭代中，其对应的浮动火焰的位置也会不同。

本研究中生成浮动火焰位置的方法是基于粒子群算法的局部吸引子 Q，其计算方法如下式所示：

$$\boldsymbol{FF}_i^t = \varphi \cdot \boldsymbol{F}_j^t + (1-\varphi) \cdot \boldsymbol{BF}^t \tag{6-3}$$

其中 φ 是一个多维向量，由均匀分布在［0，1］上的随机数组成。$\boldsymbol{F}_j^t$是精英种群 $\boldsymbol{ES}$ 中包含原始 MFO 算法定义的火焰的第 j 个最佳位置，$\boldsymbol{BF}$ 是迄今为止找到的当前最佳位置。根据该式给出的生成方法，每个浮动火焰的位置都会随着不同的飞蛾、不同的迭代以及来自精英种群的不同成员而变化。

浮动火焰机制下，算法的搜索策略，即每个搜索个体的位置更新方程如下：

$$\boldsymbol{M}_i^{t+1} = \boldsymbol{S}_i^t \cdot e^{bv} \cdot \cos(2\pi v) + \boldsymbol{FF}_i^t \tag{6-4}$$

其中，$\boldsymbol{S}_i^t$表示第 i 个搜索个体（蛾子）和第 j 个浮动火焰之间的欧氏距离，定义如下：

$$\boldsymbol{S}_i^t = |\boldsymbol{FF}_i^t - \boldsymbol{M}_i^t| \tag{6-5}$$

无论是螺旋移动方法还是浮动机制，它们都将每个搜索代理视为一个整体。然而，在解决高维问题时，这种方法效率不够高。显然，高斯突变具有更强的局部利用能力[33]。因此，为了提高开发搜索效率，浮动火焰再次使用式（6－3）生成，然后根据高斯分布突变为随机值。相应的方程定义如下：

$$\boldsymbol{MFF}_i^t = \boldsymbol{FF}_i^t \cdot (1 + \boldsymbol{Gaussian}(\boldsymbol{\mu},\ \boldsymbol{\sigma}^2)) \tag{6-6}$$

其中 ***Gaussian*** （$\boldsymbol{\mu}$，$\boldsymbol{\sigma}^2$）表示均值为$\boldsymbol{\mu}$，标准差为$\boldsymbol{\sigma}$的高斯分布。然后，变异的浮动火焰$\boldsymbol{MFF}_i^t$用于提升蛾群的质量。因此，这个操作被称为蛾群提升（MPM）。在 MPM 操作中，首先，通过方程（6－6）对浮动火焰进行高斯突变生成另一个种群。其次，合并这两个种群，对合并种群进行选择操作，选择最优的 N 个个体作为新的种群，从而提高整体种群的质量。再次，利用新的种群来更新精英种群。变异运算符具有改变搜索中心位置的概率。从方程（6－6）可以看出，搜索中心的原始属性将会略微改变，导致位置微调，这有助于在当前位置周围找到更好的解决方案。对变异操作生成的种群设置强选择压力，以确保搜索个体被迫朝着最佳解决方案移动。只有那些变异个体中拥有比原种群更好的适应度值的个体才会被选中替换适应度较差的种群个体。

MPM 操作的伪代码如算法 6－1 所示，其中 MS 指的是蛾群。可以看到，MPM 操作引入了一个额外的参数 MP（变异概率）。然而，对于 MPM 操作主要目标是增加从局部最优解中逃脱的概率，MP 设定为一个较小的常数值 0.1。通过这种方式，保持变异的幅度和频率较低，同时实现 MPM 操作的目的，不会显著占用计算资源。

1. $MFF\_S = \emptyset$;
2. **For** $i = 1$ to N
3.   **If** $randv1 < Pm$
4.   generate $\boldsymbol{MFF}_i$ with Eq. (16) and Eq. (19);
5. $MFF\_S = MFF\_S \cup \{\boldsymbol{MFF}_i\}$;
6.   **Endif**
7. **Endfor**
8. evaluate each individual in MFF_S;
9. $CS = MS \cup MFF\_S$;
10. select the best N individuals from CS as the new MS;
11. $DS = ES \cup MFF\_S$;
12. select the best N individuals from DS as the new ES;

算法 6－1　MPM 操作的伪代码

第二节　算法流程

FMFO 的伪代码如算法 6 - 2 所示。为了更详细地说明 FMFO 的搜索策略，可从另一个分析角度提供 FMFO 的两层搜索模式结构，如图 6 - 1 所示。FMFO 中的第一层搜索是通过生成浮动火焰实现的。根据生成浮动火焰的方程，每个浮动火焰在由 BF 和选择的 F 共同确定的区域内随机生成。显然，这可以被视为在有希望的区域进行的一种局部搜索，从而以这种方式改进了算法的邻域信息能力。另外，在分析整个种群时，浮动火焰机制带来的随机性高概率地驱使搜索代理在每次迭代中探索各个方向的未知区域，因此，种群的探索搜索能力在第一层搜索中也得到了增强。然后，作为第二层搜索策略，将螺旋运动和变异叠加到浮动火焰上，生成新的搜索代理，以确保在多样化的浮动火焰检测到的各种有希望区域中进行强大的开发搜索，从而实现实质性的解决方案改进。

```
initiation for the moth population MS;
evaluate each individual in MS;
ES = MS;
While the maximum function evaluations (FEs) is not reached
   MS = Ø;
   For i = 1 to N
      generate the moth M_i with Eq. (3-22), Eq. (3-23), and Eq. (3-21);
      MS = MS ∪ {M_i};
   Endfor
   evaluate each individual in MS;
   DS = ES ∪ MS;
   sort the DS with fitness values in ascendent order;
   select the best N individuals from DS as the new ES;
   MPM operation;
Endwhile
```

算法 6 - 2　FMFO 算法的伪代码

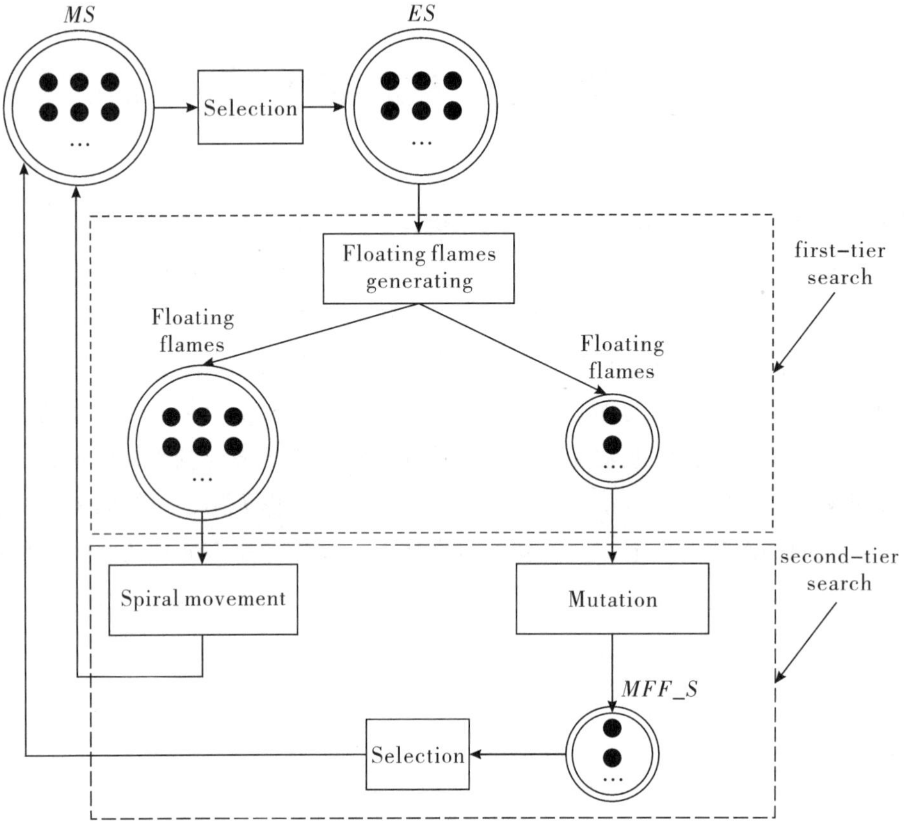

图 6 - 1　FMFO 算法结构图

第三节　算法时间复杂度分析

确定启发式算法的时间复杂性是至关重要的。通常，算法的时间复杂性取决于搜索代理的种群大小、所考虑问题的维度以及终止准则——最大迭代次数或最大适应度评估次数。如算法 6 - 2 中的伪代码所示，FMFO 算法的时间复杂性主要由种群初始化、适应度评估、种群更新和 MPM 操作四个步骤决定。由于种群初始化是一次性操作，并且其时间成本不随算法迭代次数的增加而增加，因此可以忽略种群初始化的时间复杂性。此外，由于适应度评估的时间成本取决于具体的优化问题，因此时间复杂性分析侧重于另外两个步骤，即种群更新和 MPM 操作。

FMFO 算法的时间复杂性使用大 O 符号进行计算，即从算法 6 - 1 和算法6 - 2 中呈现的伪代码中计算其最坏时间复杂性。

基于每次 FMFO 迭代中种群更新的时间复杂性分析如下：

（1）在式（6－3）中，浮动火焰生成操作的时间复杂度是 ND。

（2）在式（6－5）中，距离计算的时间复杂度是 ND。

（3）在式（6－4）中，种群位置更新的时间复杂度是 ND。

更新精英种群（ES）需要将更新后的种群与之前的 ES 进行排序。由于之前的 ES 已经被排序，可以通过结合快速排序和归并排序的合并步骤来更新 ES。在最坏情况下，相应的时间复杂度是 N^2+2N-1。

基于 MPM 操作的时间复杂度分析如下：

（1）变异操作不会在种群的每个个体上执行，因此，变异的时间复杂度是 KD，K 是被变异的个体数量。

（2）使用变异个体更新种群（MS）需要结合快速排序和归并排序的合并步骤，在最坏情况下的时间复杂度是 $K^2+N+K-1$。

（3）使用变异个体更新 ES 也需要结合快速排序和归并排序的合并步骤，在最坏情况下的时间复杂度是 $K^2+N+K-1$。

结合上述每个操作，FMFO 在每次迭代中的总时间复杂度是 $3ND+N^2+2N-1+KD+2K^2+2N+2K-2$，如果最大迭代次数是 G，那么 FMFO 的总时间复杂度是 $G(3ND+N^2+2N-1+KD+2K^2+2N+2K-2)$。

K 是一个远小于 N 的值，因此，FMFO 的时间复杂度可以表示为：

$$G(3ND+N^2+2N-1+KD+2K^2+2N+2K-2)\in O(GND+GN^2)$$

当我们将分析结果与米尔加利（Mirjalili）等[196]报告的 MFO 算法的时间复杂度分析进行比较时，这两种算法的时间复杂度水平是相同的。

第四节　实验及结果

为了评估所提出的 FMFO 在 MLP 分类器优化中的性能，模拟实验在数据集上进行，通过搜索 MLP 的连接权重和偏置，以减少均方误差（MSE）并提高分类准确度。原始的 MFO，包括组合突变 MFO（LGCMFO）[190]、改进 MFO（IMFO）[191]在内的两个改进版本的 MFO，以及其他一些先进的优化算法，包括量子粒子群优化（QPSO）[192]、灰狼优化器（GWO）[193]、改良正弦余弦算法（MSCA）[194]和基于区域的差分进化算法结合对立学习（RDE-OP）[195]，被采用作为比较算法。根据文献中给出的实验结果，LGCMFO 和 IMFO 与其他被广泛引用的先进算法（如鲸鱼优化算法、差分进化算法和蚱蜢优化算法）相比极具竞争力。QPSO 采用了 PSO 中的局部吸引子的思想，并将局部吸引子视为搜索中心。因此，从逻辑上讲，QPSO 应该被用来作为对比算法。此外，GWO、MSCA 和

RDE-OP 在实验中被采用作为比较算法，因为这些算法在 MLP 优化方面极具竞争力。接下来将介绍 MLP 分类器优化问题、实验数据集、实验设置、结果及分析。

一、MLP 分类器优化问题

MLP（多层感知器）的训练过程是演化连接权重和偏差的值，以从输入数据中获得期望的输出。这些权重和偏差值应该被调整以逼近最优结果，从而最小化网络的整体误差。训练过程（即学习过程）是一个计算上具有挑战性的任务，由于训练过程确定了与输入对应的输出之间的网络关系，它显著影响了 MLP 在解决不同问题时的效力和能力。

根据最近的文献，已经有一个被广泛接受的常见框架，用于使用群智能算法来优化 MLP 的连接权重值和偏置值。这个框架可以用在各种数据集上训练 MLP。如果目标数据集是分类数据集，则经过训练的 MLP 被称为 MLP 分类器。下图分别是一个 MLP 的参数结构图（图 6－2）和用群智能算法优化 MLP 的连接权重值和偏置值的示意图（图 6－3）。MLP 的连接权重值和偏置值在群智能算法中的编码一般采用下式：

$$vect = [\omega_{1,1,1}\cdots\omega_{1,P,H}\omega_{2,1,1}\cdots\omega_{2,H,Q}\theta_{1,1}\cdots\theta_{1,H}\theta_{2,1}\cdots\theta_{2,Q}] \quad (6-7)$$

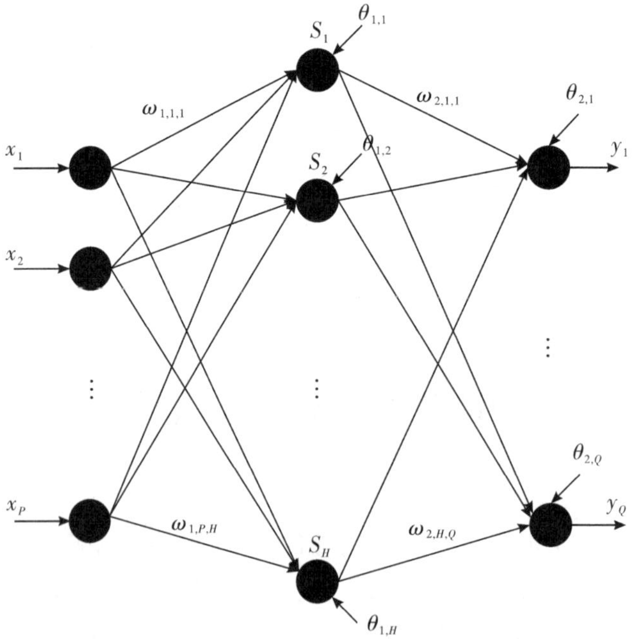

图 6－2　MLP 的参数结构图

目标函数，或称适应度函数，由所有训练样本的平均均方误差（MSE）定义。计算 *MSE* 时，将某个特定的训练样本应用于 MLP，并使用以下方程式得到期望输出与 MLP 生成值之间的差异：

$$MSE = \sum_{j=1}^{Q}(y_j' - y_j)^2 \quad (6-8)$$

其中，y_j'是第 j 个输出单元的期望分类结果，而y_j是第 j 个输出单元的实际输出。

那么，目标（适应度）函数可以用下式来进行计算：

$$fitness = \frac{\sum_{l=1}^{Z} MSE_l}{Z} \tag{6-9}$$

其中 Z 是训练样本的数量。

对于群体智能算法，MLP 训练可以被表述为一个典型的最小化优化问题，如下式所示：

$$minimize: f(vect) = fitness \tag{6-10}$$

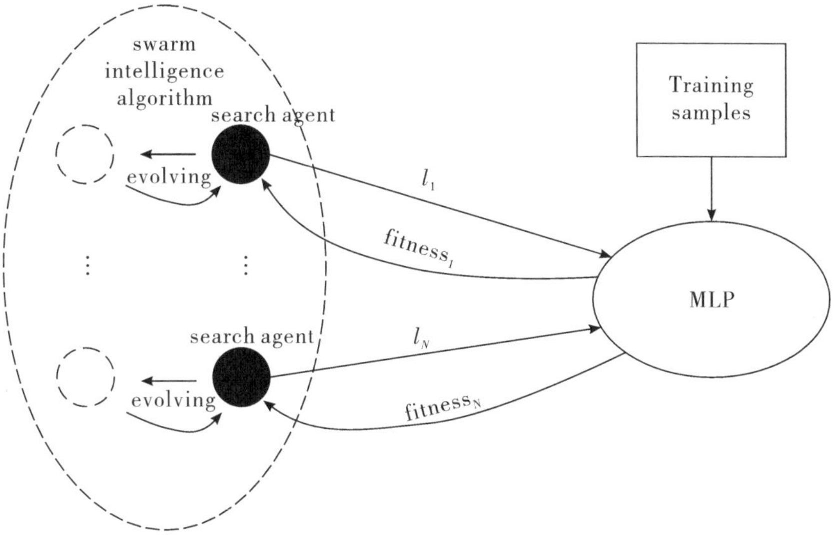

图 6－3　群智能算法优化 MLP 示意图

二、实验数据集

在实验中，所有竞争算法都在 11 个分类数据集上进行评估，这些数据集具有不同数量的特征、输出和实例，这些数据集来自 UCI 机器学习库。表 6－1 显示了实验中使用的分类数据集的详细信息，包括特征数、类别数、实例数、相应的 MLP 结构和维数。表中列出的数据集是基于仔细考虑选择的，以代表训练 MLP 中从简单到复杂的各种优化挑战。许多研究人员采用了这些数据集中的一个或多个来评估他们的算法。关于 MLP 的结构，由于没有选择隐藏节点数量的标准规则，因此采用了文献中提出的用于分类数据集的建议。总层数设置为三，隐藏节点数量设置为（$2P+1$），其中 P 是数据集的特征（输入）数。在 11 个数据集中，有 8 个包含两个类别，3 个包含三个类别。这些数据集的特征数为 4 到 36，相应的变量维数为 55 到 2775。通过选择这些数据集，在实验中对竞争算法施加了各种困难，以确保全面评估它们解决与 MLP 训练相关的问题的能力。

表 6－1　FMFO 性能测试实验所使用的数据集

序号	数据集名称	特征数	类别数	训练样本数	测试样本数	MLP 结构	问题维数
1	Balloon	4	2	16	16 as training samples	4－9－1	55
2	Iris	4	3	150	150 as training samples	4－9－3	75
3	Scale	4	3	412	213	4－9－3	75
4	Seeds	7	3	139	71	7－15－3	168
5	Breast cancer	9	2	599	100	9－19－1	210
6	Statlog	13	2	178	92	13－27－1	406
7	Australian	14	2	455	235	14－29－1	465
8	Heart	22	2	80	187	22－45－1	1081
9	Parkinson	22	2	129	66	22－45－1	1081
10	Ionosphere	34	2	231	120	34－69－1	2485
11	Chess	36	2	2109	1087	36－73－1	2775

三、实验设置

为了公平比较，所有竞争算法都在 MATLAB 2015a 上编码，并在一台具有 3.40 GHz CPU 和 8 GB RAM 的个人电脑的相同测试环境中实现，操作系统为 Windows 7。由于模拟实验中的算法是随机最优化技术，为了生成有意义的统计结果，每个算法在每个测试用例中都使用随机初始种群运行了 50 次。此外，为了消除具有不同尺度特征的影响，使用以下给出的 min-max 函数对所有数据集进行了归一化处理：

$$x' = \frac{(x - lb)(ub' - lb')}{(ub - lb)} + lb' \tag{6-11}$$

为了说明竞争算法在数据集上的表现，我们使用了以下三个指标来评估解决方案的质量：目标函数值、训练样本上的分类准确度（训练分类准确度）以及测试样本上的分类准确度（测试分类准确度）。训练和测试分类准确度分别反映了训练集和测试集中总分类实例中正确分类决策的比例。此外，计算效率通过收敛速度和 CPU 计算时间来评估。每个竞争算法在每个数据集上的指标的中位数（$\tilde{x}$）和四分位距（IQR）用来展示实验结果的中心趋势和统计离散程度。为了提供可信的比较，统计分析方法采用了 Wilcoxon 秩和（WRS）检验[197]和 Friedman 检验[151]。

所有对比算法的参数分别根据相应参考文献进行设置。对于提出的 FMFO 算法，在 MLP 训练问题中不需要设置额外的参数，所有参数与原始 MFO 中的参数相同。

为了公平起见，所有竞争算法都使用相同的种群大小和最大目标函数评估次数（FEs）设置进行测试。考虑到 Balloon 数据集比其他数据集更容易，对于 Balloon 数据集和剩余数据集的所有算法，种群大小分别设置为 50 和 200。对于 Balloon 数据集和剩余数据集的最大 FEs 次数分别设置为 2.0×10^4 和 8.0×10^4。

四、结果及分析

本小节从求解精度和稳定性、计算效率等两方面来对实验结果进行分析。其中求解精度包括寻优得到的方案的适应度、训练集分类准确率、测试集分类准确率等三个方面；而计算效率包括收敛速度和计算时间两个方面。

1. **求解精度和稳定性**

表6-2显示了竞争算法在50次独立运行中获得的目标函数（MSE）值的中位数和IQR，从而展示了解决方案质量和稳定性的数值结果。较小的中位数目标函数值表示更高的解决方案质量，而较低的IQR代表更好的稳定性。表6-3和表6-4展示了在这11个数据集上使用竞争算法获得的训练和测试分类准确性的结果。在这两个表中，较大的中位数值表示更高的解决方案质量，而较低的IQR代表更好的稳定性。表中具有最佳中位数值的算法的结果被视为最佳结果，如果两个算法具有相同的最佳中位数值，则具有较小IQR值的算法可以被认为更好。此外，进行了WRS检验，以确定FMFO是否显著优于其他竞争者，显著度水平为5%。FMFO与其他竞争者之间的比较结果的统计显著差异由“+/*/-”符号表示，并显示在表的最后一列中。“+/*/-”符号表示使用FMFO获得的结果分别优于、相等于和劣于使用相应比较算法获得的结果。第一列中的符号表示FMFO与MFO之间的性能差异，而其他六列中的符号表示FMFO与LGCMFO、IMFO、RDE-OP、QPSO、GWO和MSCA之间的比较，依次列出。此外，表6-5给出了由Friedman检验得到的这些竞争算法的目标函数值、训练分类准确性和测试分类准确性的平均排名。

表6-2、表6-3和表6-4显示，所提出的FMFO在竞争算法中分别在MSE、训练分类准确性和测试分类准确性上获得了7、9和6个最佳中位数值，其中IQR值最少的分别为5、6和7个。即使在FMFO没有获得第一名的数据集上，使用FMFO获得的中位数或IQR值大多数情况下都位于最佳结果之间。在表6-2、表6-3和表6-4的最后一列（WRS检验结果）中，“+”的总数分别为61、57和39个。而表6-2、表6-3和表6-4的最后一列中“-”的总数分别为4、4和9个。WRS检验结果显示，FMFO在一对一比较中通常显著优于其他算法。此外，表6-5显示，所提出的FMFO通过Friedman检验获得了最佳的平均排名值。表6-2至表6-5显示，FMFO在MSE、训练分类准确性和测试分类准确性等方面明显优于所有其他竞争算法。由于这些数据集上的分类任务具有挑战性，这些结果强有力地证明了FMFO在训练MLP方面的效率。

从另一个角度来看，我们可以根据表6-2、表6-3和表6-4中的结果来比较FMFO在不同变量维度上的性能。可以观察到，随着变量维度的增加，特别是在Chess数据集上，FMFO的性能并没有在小型和中型变量维度的数据集上表现得那么明显。这表明有必要进行未来的研究工作，以改善FMFO在高维问题上的性能。

然而，即使在高维数据集上，FMFO仍然是排名前三的MLP训练器之一。因此，无论数据集的维度和涉及的分类类别数量如何（三类或两类分类），FMFO均同时展示了出色的局部最优避免能力和卓越的搜索准确性。

表 6-2　FMFO 及对比算法的适应度值

Datasets	FMFO $\tilde{x}$（IQR）	MFO $\tilde{x}$（IQR）	LGCMFO $\tilde{x}$（IQR）	IMFO $\tilde{x}$（IQR）	RDE-OP $\tilde{x}$（IQR）	QPSO $\tilde{x}$（IQR）	GWO $\tilde{x}$（IQR）	MSCA $\tilde{x}$（IQR）	WRS
Balloon	**0.0000E+00** **(0.0000E+00)**	**0.0000E+00** **(0.0000E+00)**	**0.0000E+00** **(0.0000E+00)**	**0.0000E+00** **(0.0000E+00)**	**0.0000E+00** **(0.0000E+00)**	**0.0000E+00** **(0.0000E+00)**	**0.0000E+00** **(0.0000E+00)**	**0.0000E+00** **(0.0000E+00)**	*/*/*/*/ */*/*
Iris	**1.4100E-02** **(1.4000E-03)**	1.8600E-02 (7.3000E-03)	2.9200E-02 (9.7000E-03)	1.5200E-02 (3.4000E-03)	1.9400E-02 (4.5000E-03)	1.4900E-02 (1.9000E-03)	2.1600E-02 (3.3000E-03)	3.5600E-02 (8.0000E-03)	+/+/+/+/ +/+/+
Scale	8.8700E-02 (2.5800E-02)	1.1470E-01 (1.4700E-02)	1.5160E-01 (1.6900E-02)	1.0340E-01 (1.4100E-02)	1.1230E-01 (1.3500E-02)	**8.4900E-02** **(2.3600E-02)**	1.1790E-01 (2.0100E-02)	1.6530E-01 (1.7800E-02)	+/+/+/+/ */+/+
Seeds	**5.0000E-04** **(1.7000E-03)**	1.8400E-02 (1.9900E-02)	7.2000E-02 (2.8200E-02)	1.4500E-02 (2.7600E-02)	3.0100E-02 (1.4500E-02)	2.2000E-03 (4.1000E-03)	1.2300E-02 (1.0600E-02)	6.8700E-02 (2.6200E-02)	+/+/+/+/ +/+/+
Breast cancer	**1.0000E-03** **(2.0000E-04)**	1.5000E-03 (3.0000E-03)	9.2000E-03 (4.6000E-03)	1.2000E-03 (4.0000E-04)	1.5000E-03 (3.0000E-04)	1.3000E-03 (3.0000E-04)	1.2000E-03 (1.0000E-04)	1.6000E-03 (2.0000E-04)	+/+/+/+/ +/+/+
Statlog	**3.3700E-02** **(1.1200E-02)**	5.5600E-02 (1.7800E-02)	8.9000E-02 (1.2600E-02)	5.1800E-02 (1.6800E-02)	8.2900E-02 (2.2600E-02)	4.5100E-02 (1.6500E-02)	3.6000E-02 (1.0400E-02)	1.0540E-01 (2.0500E-02)	+/+/+/+/ +/*/+
Australian	**6.0500E-02** **(7.1000E-03)**	7.0800E-02 (9.2000E-03)	9.2600E-02 (6.2000E-03)	6.9800E-02 (9.4000E-03)	9.3700E-02 (4.0000E-03)	7.7100E-02 (1.0900E-02)	6.2400E-02 (7.6000E-03)	1.0200E-01 (6.6000E-03)	+/+/+/+/ +/+/+
Heart	5.7800E-02 (1.2500E-02)	6.5600E-02 (1.2500E-02)	9.2800E-02 (2.5400E-02)	7.1700E-02 (1.2700E-02)	7.5800E-02 (1.6500E-02)	6.2500E-02 (1.0800E-02)	**5.6300E-02** **(1.2500E-02)**	1.2060E-01 (2.3500E-02)	+/+/+/+/ +/*/+
Parkinson	**0.0000E+00** **(0.0000E+00)**	**0.0000E+00** **(0.0000E+00)**	8.4000E-03 (1.7000E-02)	**0.0000E+00** **(0.0000E+00)**	2.7400E-02 (7.5000E-03)	4.9000E-03 (1.2400E-02)	**0.0000E+00** **(0.0000E+00)**	2.7100E-02 (2.5400E-02)	*/+/-/+/ +/*/+
Ionosphere	8.7000E-03 (4.0000E-03)	1.3400E-02 (8.7000E-03)	5.7200E-02 (2.0200E-02)	1.3100E-02 (9.5000E-03)	3.3700E-02 (9.2000E-03)	1.1500E-02 (4.3000E-03)	**4.3000E-03** **(8.4000E-03)**	6.9300E-02 (2.2100E-02)	+/+/+/+/ +/-/+
Chess	3.7000E-02 (8.0000E-03)	7.1800E-02 (1.0300E-02)	1.2970E-01 (1.3100E-02)	6.5800E-02 (7.9000E-03)	6.7000E-02 (2.1900E-02)	3.0100E-02 (9.6000E-03)	**1.1000E-02** **(8.7000E-03)**	1.0590E-01 (3.2600E-02)	+/+/+/+/ -/-/+

表 6-3　FMFO 及对比算法的训练集分类准确度

Datasets	FMFO $\tilde{x}$ (IQR)	MFO $\tilde{x}$ (IQR)	LGCMFO $\tilde{x}$ (IQR)	IMFO $\tilde{x}$ (IQR)	RDE-OP $\tilde{x}$ (IQR)	QPSO $\tilde{x}$ (IQR)	GWO $\tilde{x}$ (IQR)	MSCA $\tilde{x}$ (IQR)	WRS
Balloon	**1.0000E+02** (**0.0000E+00**)	**1.0000E+02** (**0.0000E+00**)	**1.0000E+02** (**0.0000E+00**)	**1.0000E+02** (**0.0000E+00**)	**1.0000E+02** (**0.0000E+00**)	**1.0000E+02** (**0.0000E+00**)	**1.0000E+02** (**0.0000E+00**)	**1.0000E+02** (**0.0000E+00**)	*/*/*/*/*/*/*
Iris	**9.4667E+01** (**4.0000E+00**)	9.1333E+01 (4.0000E+00)	8.6667E+01 (6.6667E+00)	9.3333E+01 (3.3333E+00)	9.2667E+01 (1.3333E+00)	9.2667E+01 (3.3333E+00)	9.0667E+01 (2.0000E+00)	8.1000E+01 (1.3333E+01)	+/+/+/+/+/+/+
Scale	7.9733E+01 (4.6116E+00)	8.0218E+01 (4.3689E+00)	7.8277E+01 (6.5534E+00)	**8.1432E+01** (**4.3689E+00**)	8.2160E+01 (4.3689E+00)	7.9126E+01 (4.3689E+00)	6.9296E+01 (2.9612E+01)	7.5728E+01 (8.0097E+00)	*/*/−/−/*/+/+
Seeds	**9.6763E+01** (**4.3165E+00**)	8.9928E+01 (3.5971E+00)	8.1655E+01 (6.4748E+00)	9.4245E+01 (4.3165E+00)	9.0288E+01 (3.5971E+00)	9.2806E+01 (3.5971E+00)	8.7050E+01 (2.1583E+00)	7.9496E+01 (1.0791E+01)	+/+/+/+/+/+/+
Breast cancer	**9.7496E+01** (**5.0080E−01**)	9.5993E+01 (1.0685E+01)	7.3372E+01 (3.0885E+01)	9.6828E+01 (1.1686E+00)	9.5826E+01 (1.0017E+00)	9.6828E+01 (8.3470E−01)	9.6661E+01 (6.6780E−01)	9.5993E+01 (6.6780E−01)	+/+/+/+/+/+/+
Statlog	**9.5506E+01** (**1.6854E+00**)	9.1011E+01 (5.6180E+00)	8.4832E+01 (3.3708E+00)	9.2135E+01 (5.0562E+00)	8.7640E+01 (3.3708E+00)	9.2697E+01 (5.0562E+00)	8.6517E+01 (7.8652E+00)	8.2584E+01 (3.3708E+00)	+/+/+/+/+/++
Australian	**8.9670E+01** (**1.9780E+00**)	8.7692E+01 (2.4176E+00)	8.6593E+01 (1.5385E+00)	8.8571E+01 (1.3187E+00)	8.5714E+01 (7.2527E+00)	8.7582E+01 (1.5385E+00)	7.9121E+01 (7.6923E+00)	8.5275E+01 (2.1978E+00)	+/+/+/+/+/+/+
Heart	**8.8750E+01** (**2.5000E+00**)	8.8125E+01 (3.7500E+00)	8.3750E+01 (6.2500E+00)	8.7500E+01 (5.0000E+00)	8.8750E+01 (3.7500E+00)	8.8750E+01 (5.0000E+00)	8.7500E+01 (1.2500E+00)	8.1250E+01 (5.0000E+00)	+/+/+/*/*/+/+
Parkinson	**1.0000E+02** (**0.0000E+00**)	**1.0000E+02** (**0.0000E+00**)	9.5349E+01 (3.1008E+00)	**1.0000E+02** (**0.0000E+00**)	9.1085E+01 (3.1008E+00)	9.4574E+01 (5.4264E+00)	**1.0000E+02** (**0.0000E+00**)	9.3023E+01 (3.8760E+00)	*/+/*/+/+/*/+
Ionosphere	**9.9134E+01** (**4.3290E−01**)	9.7619E+01 (1.7316E+00)	9.0260E+01 (2.5974E+00)	9.8052E+01 (1.2987E+00)	9.4589E+01 (1.7316E+00)	9.8701E+01 (4.3290E−01)	9.9134E+01 (8.6580E−01)	8.8528E+01 (3.0303E+00)	+/+/+/+/+/*/+
Chess	8.4668E+01 (7.5090E−01)	7.8739E+01 (2.5970E+00)	7.2904E+01 (2.3154E+00)	8.1148E+01 (2.2215E+00)	8.1571E+01 (4.1302E+00)	8.5763E+01 (8.4480E−01)	**8.7766E+01** (**3.2541E+00**)	7.0870E+01 (7.2278E+00)	+/+/+/+/−/−/+

表 6－4　FMFO 及对比算法的测试集分类准确度

Datasets	FMFO $\tilde{x}$ (IQR)	MFO $\tilde{x}$ (IQR)	LGCMFO $\tilde{x}$ (IQR)	IMFO $\tilde{x}$ (IQR)	RDE-OP $\tilde{x}$ (IQR)	QPSO $\tilde{x}$ (IQR)	GWO $\tilde{x}$ (IQR)	MSCA $\tilde{x}$ (IQR)	WRS
Balloon	**1.0000E+02 (0.0000E+00)**	**1.0000E+02 (0.0000E+00)**	**1.0000E+02 (0.0000E+00)**	**1.0000E+02 (0.0000E+00)**	**1.0000E+02 (0.0000E+00)**	**1.0000E+02 (0.0000E+00)**	**1.0000E+02 (0.0000E+00)**	**1.0000E+02 (0.0000E+00)**	*/*/*/*/*/*/*
Iris	**9.4667E+01 (4.0000E+00)**	9.1333E+01 (4.0000E+00)	8.6667E+01 (6.6667E+00)	9.3333E+01 (3.3333E+00)	9.2667E+01 (1.3333E+00)	9.2667E+01 (3.3333E+00)	9.0667E+01 (2.0000E+00)	8.1000E+01 (1.3333E+01)	+/+/+/+/+/+/+
Scale	8.1221E+01 (8.9202E+00)	8.0282E+01 (7.5117E+00)	7.7934E+01 (1.2676E+01)	8.2864E+01 (5.6338E+00)	**8.4977E+01 (5.6338E+00)**	8.1221E+01 (7.9812E+00)	7.1127E+01 (2.7700E+01)	7.4883E+01 (1.6901E+01)	*/*/*/−/*/+/+
Seeds	**8.5915E+01 (2.8169E+00)**	8.1690E+01 (5.6338E+00)	7.6056E+01 (7.0423E+00)	8.4507E+01 (5.6338E+00)	8.4507E+01 (4.2254E+00)	8.4507E+01 (2.8169E+00)	8.0282E+01 (4.2254E+00)	7.3944E+01 (1.1268E+01)	+/+/+/*/+/+/+
Breast cancer	9.8000E+01 (1.0000E+00)	9.7000E+01 (1.4000E+01)	7.5500E+01 (4.7000E+01)	9.7500E+01 (2.0000E+00)	9.8500E+01 (1.0000E+00)	9.8000E+01 (2.0000E+00)	**9.9000E+01 (1.0000E+00)**	9.8000E+01 (1.0000E+00)	+/+/*/−/*/−/*
Statlog	7.5000E+01 (4.3478E+00)	7.7174E+01 (5.4348E+00)	7.7174E+01 (4.3478E+00)	7.6087E+01 (5.4348E+00)	**7.9348E+01 (4.3478E+00)**	7.5543E+01 (4.3478E+00)	7.1739E+01 (5.4348E+00)	7.5000E+01 (5.4348E+00)	*/−/−/−/*/+/*
Australian	**7.9575E+01 (2.5532E+00)**	7.8723E+01 (2.9787E+00)	7.8936E+01 (2.5532E+00)	7.9575E+01 (2.9787E+00)	7.9575E+01 (6.3830E+00)	7.9149E+01 (2.1277E+00)	7.1489E+01 (5.9574E+00)	7.7872E+01 (3.8298E+00)	*/*/*/*/*/+/+
Heart	6.9519E+01 (6.9519E+00)	6.8182E+01 (3.7433E+00)	6.7380E+01 (5.8824E+00)	7.0054E+01 (7.4866E+00)	**7.1925E+01 (4.2781E+00)**	6.9519E+01 (6.4171E+00)	6.4973E+01 (7.4866E+00)	6.6310E+01 (6.9519E+00)	*/*/*/−/*/+/+
Parkinson	**7.1212E+01 (1.5152E+00)**	6.9697E+01 (3.0303E+00)	6.8182E+01 (4.5455E+00)	6.9697E+01 (3.0303E+00)	6.8182E+01 (4.5455E+00)	6.9697E+01 (4.5455E+00)	7.1212E+01 (3.0303E+00)	6.6667E+01 (6.0606E+00)	+/+/+/+/+/*/+
Ionosphere	**9.4583E+01 (3.3333E+00)**	9.0000E+01 (5.8333E+00)	8.8333E+01 (6.6667E+00)	9.2500E+01 (4.1667E+00)	9.2917E+01 (1.0833E+01)	**9.4583E+01 (3.3333E+00)**	9.0000E+01 (5.8333E+00)	8.6667E+01 (9.1667E+00)	+/+/+/+/*/+/+
Chess	6.5041E+01 (2.7599E+00)	5.7912E+01 (5.2438E+00)	5.2806E+01 (5.7038E+00)	6.1592E+01 (5.9798E+00)	6.2926E+01 (5.2438E+00)	6.9733E+01 (3.6799E+00)	**7.4931E+01 (1.0396E+01)**	5.0782E+01 (1.0764E+01)	+/+/+/+/−/−/+

表 6－5　FMFO 及对比算法的三种指标的平均 Friedman 排名

Algorithms	MSE Value Ranking	Training Accuracy Ranking	Test Accuracy Ranking
FMFO	2. 266364	2. 567273	3. 632727
MFO	4. 297273	4. 172727	4. 857273
LGCMFO	6. 822727	6. 256364	5. 516364
IMFO	3. 703636	3. 420909	3. 944545
RDE-OP	5. 448182	4. 752727	3. 690000
QPSO	3. 306364	3. 642727	3. 724545
GWO	3. 030909	4. 520909	4. 848182
MSCA	7. 124545	6. 666364	5. 786364

2. **计算效率**

对于一个优化算法来说，随着目标函数评估次数的增加，逼近最优解的速度是评估计算效率的重要指标。收敛曲线被绘制出来，以验证竞争算法的收敛速度。对于 Balloon 数据集，对应算法在每增加 200 次目标函数评估时获得的最佳目标函数值被记录为其收敛曲线的数据点。对于其他数据集，每增加 800 次目标函数评估后获得的最佳目标函数值被记录下来。由于每次运行的收敛曲线不同，无法仅依据单次运行的收敛曲线来评估算法的性能，因此使用 50 次独立运行的数据点的中位数来评估算法的总体收敛速度。计算公式如下所示：

$$f_{\text{med}}(i) = \text{Median}(f_1(i), f_2(i), \cdots, f_j(i), \cdots, f_U(i)) \tag{6-12}$$

其中，$f_j(i)$ 指的是第 j 次独立运行中的第 i 个数据点，U 是所有独立运行的总数，Median 是返回所有输入数据的中位数的函数。

图 6－4 给出了所有 8 个竞争算法在 11 个数据集上的收敛过程曲线。首先，通过观察早期迭代阶段的收敛曲线，GWO 和 RDE-OP 在许多数据集中显示出最快和第二快的收敛速度，而 FMFO 在大多数数据集上实现了第二或第三快的收敛速度。考虑到后期迭代阶段的收敛曲线，FMFO 在几个数据集中展现出了强大的全局收敛能力，超过了以前领先的竞争对手，包括 Iris、Scale、Seeds、Statlog 和 Australian。尽管与具有出色快速收敛能力的 GWO 和 RDE-OP 相比，FMFO 在早期迭代阶段的收敛效率并不是最佳的，然而在大多数数据集上，FMFO 能够在整个演化迭代过程中不断逼近最优解，而其他竞争算法则陷入停滞状态。此外，FMFO 在整个演化迭代过程中是收敛速度最快的成员之一，表明 FMFO 在高收敛效率和全局搜索能力之间取得了平衡。

除了解决方案的高准确性之外，短的有限计算时间对于实际应用至关重要。对每个算法在所有数据集上的计算时间进行了检验，表 6－6 总结了在每个测试数据集上进行的 50 次独立运行中获得的计算时间（以秒为单位）的中位数和 IQR 值。WRS 测试在 5% 的显著性水平下进行了比较，其中符号“ + / * / - ”的含义与前文中描述的相同。表 6 - 7 给出了所有比较算法使用 Friedman 测试得到的计算时间方面的平均排名。

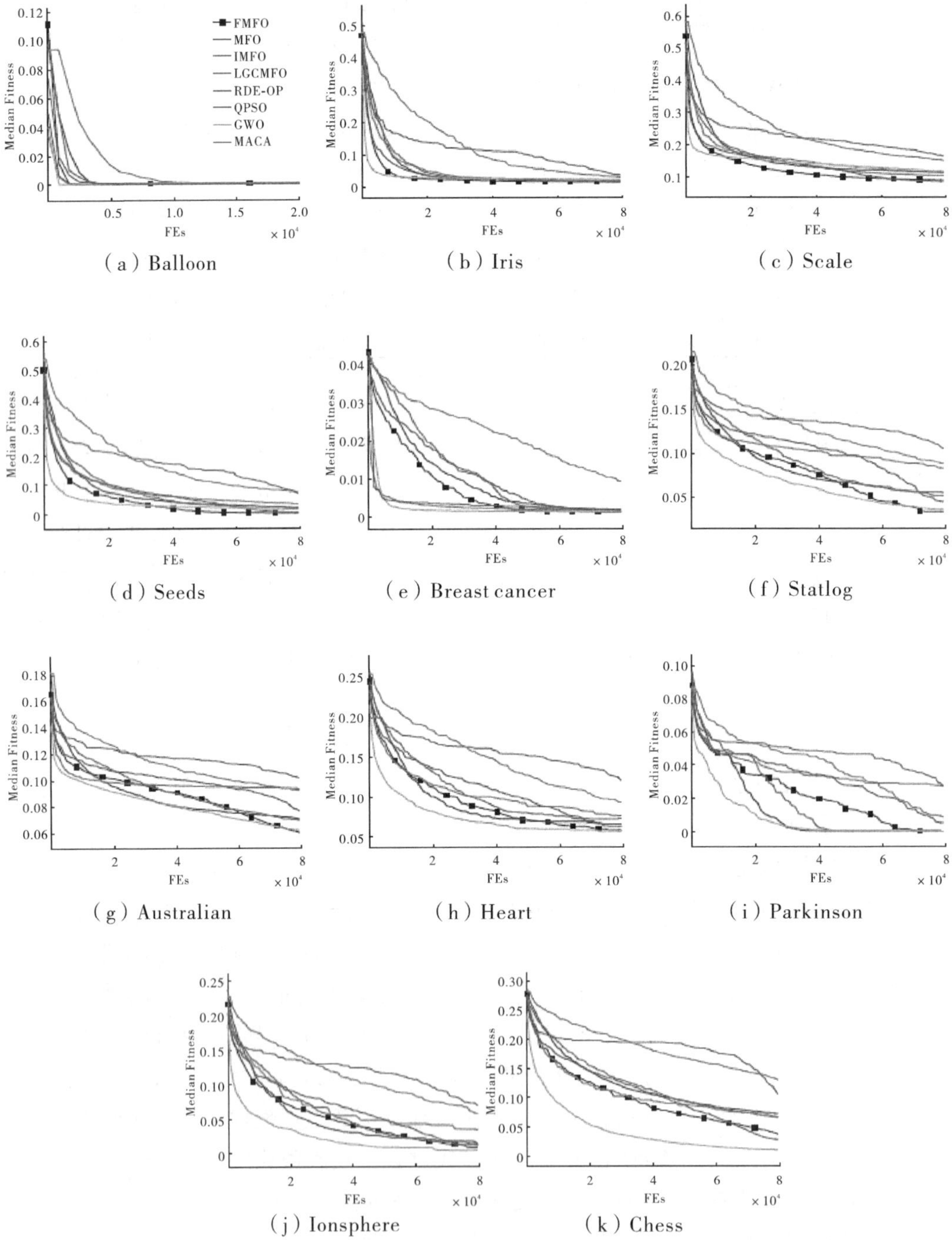

图 6 - 4　FMFO 及对比算法的收敛曲线

表 6－6　FMFO 及对比算法的运算时间

Datasets	FMFO $\tilde{x}$ (IQR)	MFO $\tilde{x}$ (IQR)	LGCMFO $\tilde{x}$ (IQR)	IMFO $\tilde{x}$ (IQR)	RDE-OP $\tilde{x}$ (IQR)	QPSO $\tilde{x}$ (IQR)	GWO $\tilde{x}$ (IQR)	MSCA $\tilde{x}$ (IQR)	WRS
Balloon	2.3159E+00	**2.1570E+00**	2.9816E+00	2.5484E+00	1.9022E+01	2.2369E+00	2.3639E+00	2.2720E+00	−/+/+/+/
	(2.1400E−02)	**(1.4000E−02)**	(1.1300E−02)	(2.0000E−02)	(3.8410E−01)	(1.0700E−02)	(2.5700E−02)	(1.6900E−02)	−/+/−
Iris	1.3176E+01	**1.2930E+01**	1.6159E+01	1.4315E+01	2.6884E+01	1.3072E+01	1.3973E+01	1.3375E+01	−/+/+/+/
	(2.7330E−01)	**(2.5240E−01)**	(2.7860E−01)	(1.8790E−01)	(5.1910E−01)	(2.1090E−01)	(7.6400E−02)	(2.6380E−01)	−/+/+
Scale	1.9718E+01	1.9437E+01	2.2536E+01	2.1087E+01	3.3003E+01	1.9567E+01	**1.8819E+01**	1.9721E+01	−/+/+/+/
	(3.4740E−01)	(3.6290E−01)	(4.3430E−01)	(3.6700E−01)	(4.8600E−01)	(4.2060E−01)	**(6.8000E−02)**	(4.1050E−01)	−/−/*
Seeds	2.1987E+01	2.2088E+01	2.5201E+01	2.3073E+01	5.3058E+01	**2.1543E+01**	2.2947E+01	2.2407E+01	+/+/+/+/
	(3.5510E−01)	(4.2180E−01)	(4.1610E−01)	(4.8400E−01)	(9.0670E−01)	**(3.5180E−01)**	(1.6995E+00)	(4.1530E−01)	−/+/+
Breast cancer	4.6426E+01	4.5969E+01	4.9604E+01	4.7703E+01	8.5645E+01	4.5972E+01	4.6308E+01	**4.5918E+01**	−/+/+/+/
	(3.0600E−01)	(4.1750E−01)	(3.6620E−01)	(4.7100E−01)	(1.1877E+00)	(4.8590E−01)	(3.3100E−01)	**(4.7290E−01)**	−/*/−
Statlog	4.4974E+01	4.4364E+01	4.6451E+01	4.5961E+01	1.1901E+02	**4.2663E+01**	4.5253E+01	4.4273E+01	−/+/+/+/
	(5.0760E−01)	(4.8960E−01)	(4.7900E−01)	(5.9210E−01)	(2.6474E+00)	**(5.1000E−01)**	(1.3180E−01)	(4.2510E−01)	−/+/−
Australian	1.0091E+02	1.0452E+02	1.0263E+02	1.0611E+02	1.8893E+02	1.0384E+02	1.0303E+02	**9.9099E+01**	+/+/+/+/
	(6.9030E−01)	(1.4786E+00)	(5.2760E−01)	(4.5240E−01)	(2.8986E+00)	(4.7521E+00)	(5.7720E−01)	**(4.6440E−01)**	+/+/−
Heart	8.2613E+01	7.9515E+01	7.9162E+01	8.1881E+01	2.8071E+02	**7.4546E+01**	8.0618E+01	8.1951E+01	−/−/−/+/
	(3.0480E−01)	(4.2550E−01)	(5.5030E−01)	(3.1360E−01)	(5.6211E+00)	**(4.0150E−01)**	(1.1150E−01)	(2.2980E−01)	−/−/−
Parkinson	1.1048E+02	1.0829E+02	**1.0618E+02**	1.1130E+02	3.0699E+02	1.0767E+02	1.0853E+02	1.1079E+02	−/−/+/+/
	(1.5246E+00)	(3.2467E+00)	**(3.6500E−01)**	(3.6360E−01)	(1.3425E+01)	(3.7774E+00)	(6.6810E−01)	(3.2580E+00)	−/−/+
Ionosphere	2.9339E+02	2.9141E+02	**2.8044E+02**	2.9391E+02	7.6204E+02	3.0139E+02	2.9060E+02	3.2270E+02	−/−/+/+/
	(3.7770E−01)	(4.6930E−01)	**(2.9710E−01)**	(3.7080E−01)	(2.2085E+01)	(1.0390E+01)	(3.5020E−01)	(4.1691E+00)	+/−/+
Chess	2.1777E+03	2.1975E+03	**2.1542E+03**	2.1577E+03	2.8183E+03	2.1746E+03	2.2425E+03	2.2054E+03	+/−/−/+/
	(5.1824E+00)	(7.3439E+00)	**(8.0159E+00)**	(1.0861E+01)	(3.8829E+01)	(2.3029E+01)	(6.4559E+01)	(5.4421E+01)	−/+/+

表6－7　FMFO及对比算法的运算时间平均Friedman排名

Algorithms	Ranking
FMFO	4.023636
MFO	3.130909
LGCMFO	4.743636
IMFO	5.600000
RDE-OP	8.000000
QPSO	2.523636
GWO	4.036364
MSCA	3.941818

根据表6－6中使用WRS测试获得的统计指标，竞争算法之间的差异是显著的。FMFO没有达到最快的计算时间。而由于不需要额外的操作，QPSO、原始MFO和MSCA属于最快的三种算法。尽管由于MPM操作中需要额外的计算工作而使得FMFO在计算速度上不如原始MFO具有竞争力，但其计算时间仍然可接受。与实验中每个数据集上最快的算法相比，FMFO所需的额外计算时间最多为11%，在大多数情况下，小于5%。因此，基于目标函数的总时间消耗评估，FMFO与最快算法之间的计算时间差异可以忽略不计。在计算时间方面，FMFO的性能仍然在所有竞争算法中具有竞争力，并且可用于实际应用场景下的优化问题求解。

本章小结

本章提出了一种精英重组学习策略，即基于新型浮动火焰机制的搜索机制，并在此策略的基础上实现了一种结合粒子群算法和飞蛾扑火算法的混合算法。新型浮动火焰机制采用了个体最佳和全局最佳进行随机结合的方式，再结合高斯变异操作和螺旋式搜索模式，实现了基于适应度相互关系的学习精英解模式的个体重组。通过这种方式，增强了算法在有希望的区域周围的开发搜索能力，增加了种群多样性以防止局部最优停滞，从而提高了算法的全局搜索能力。FMFO-MLP训练器在UCI机器学习库中的Balloon、Iris、Scale、Seeds、Breast cancer、Statlog、Australian、Heart、Parkinson、Ionosphere和Chess等11个具有挑战性的实用数据集上进行评估。实验结果表明，与原始MFO和两种最先进的MFO变体（LGCMFO和IMFO）以及其他四种流行的SI优化算法（包括RDE-OP、QPSO、GWO和MSCA）相比，FMFO的性能是压倒性的。FMFO在避免局部最优停滞方面具有明显优势，并且能够以更高的精度和稳定性逼近全局最优。此外，结果表明，FMFO在数据集的训练和测试样本上均获得了最高的总体分类准确率。

在收敛速度方面，一方面，FMFO在大多数数据集上在整个迭代过程中优于MFO、LGCMFO、IMFO、QPSO和MSCA。另一方面，虽然FMFO在早期迭代阶段比GWO和

RDE-OP 慢，但它在后期迭代阶段的许多数据集上超越了之前的获胜者。FMFO 所需的运算时间高于原始 MFO 和其他一些结构更简单、实现更直接的竞争算法；然而，根据数值比较，FMFO 的时间消耗仍然具有竞争力，并且对于实际应用而言是可以接受的。因此，FMFO 既具有快速的收敛速度和出色的全局搜索能力，又具有充满竞争力的计算性能。因此，可以得出结论，FMFO 是一种用于训练 MLP 的有效优化算法。

未来，研究 FMFO 在同时优化 MLP 的结构、连接权重和偏差方面的效率将会很有意义。此外，随着进一步的改进和提升，FMFO 有望应用于其他复杂优化问题。

第七章 面向图像多阈值分割的非重访量子粒子群算法

在本章中，提出了一种非重访量子粒子群优化（non-revisiting quantum-behaved particle swarm optimization，NrQPSO）算法来获得灰度图像的最优多级阈值。所提出的NrQPSO 使用非重访方案来防止对已评估的候选解进行重新评估。非重访是基于个体访问位置信息学习的模型，通过组织记录在搜索空间中已经到达过的位置，从而在种群的后续搜索中能避免对这些位置的重新访问。此外，为了减少不必要的计算成本，NrQPSO 提供了一种自动停止机制，能够衡量探索的进度，并以自然的方式合理地停止算法。而为了进一步提高计算效率，NrQPSO 采用了一种精细搜索策略，克服了现有 QPSO 算法使用原始搜索方法的缺点。NrQPSO 的性能在 Berkeley 分割数据集上进行了测试，实验结果表明，NrQPSO 在效率、有效性和稳健性方面优于其他最先进的基于群体的阈值方法，因此，NrQPSO 可以应用于实时海量图像处理。

第一节 Kapur 熵

与其他图像阈值化技术相比，Kapur 熵方法的优越性能得到了研究人员的认可[198,199]。Kapur 熵方法通过最大化图像分割类的熵来选择最佳阈值。假设一幅图像完全由其灰度直方图表示，则可以将图像的灰度直方图归一化，看成是一种概率分布。假设在{0，1，2，…，i，…，$L-1$}范围内有 L 个灰度级，$h(i)$ 为观察到相应灰度级 i 的出现频度。N 是给定图像的像素总数，灰度 i 出现的概率可以定义为：

$$p_i = h(i)/N \tag{7-1}$$

假设有 m 个阈值 $\boldsymbol{t}=[t_1, t_2, \cdots, t_m]$，$t_1 < t_2 < \cdots < t_m$ 选中，将原始图像细分为 $m+1$ 个类：C_0，C_1，C_2，…，C_m。那么 Kapur 熵方法就是通过最大化下面的目标函数来做到的：

$$f(t_1, t_2, \cdots, t_m) = H_0 + H_1 + \cdots + H_m \tag{7-2}$$

其中：

$$H_0 = -\sum_{i=0}^{t_1-1}\left(\frac{p_i}{\omega_0}\right)\ln\left(\frac{p_i}{\omega_0}\right), \omega_0 = \sum_{i=0}^{t_1-1} p_i$$

$$H_1 = -\sum_{i=t_1}^{t_2-1}\left(\frac{p_i}{\omega_1}\right)\ln\left(\frac{p_i}{\omega_1}\right), \omega_1 = \sum_{i=t_1}^{t_2-1} p_i$$
$$\vdots$$
$$H_m = -\sum_{i=t_m}^{L-1}\left(\frac{p_i}{\omega_m}\right)\ln\left(\frac{p_i}{\omega_m}\right), \omega_m = \sum_{i=t_m}^{L-1} p_i$$

多级阈值化的目标是找到最佳阈值 [t_1, t_2, …, t_m] 来使得式（7－2）中定义的目标函数取得最大值。

第二节　非重访量子粒子群优化算法

本章提出的非重访量子粒子群优化（NrQPSO）算法在三个方面与量子粒子群算法（参见本书第二章第二节）不同：使用非重访方案节省计算资源，使用自动停止机制和精细搜索策略进行开发。NrQPSO 的伪代码在算法 7－1 中给出。这三种机制的细节将在以下小节中讨论。

```
Procedure of NrQPSO
  For i = 1 to swarm size N
    randomize the position of each particle x[i];
    evaluate x[i]; pbest[i] = x[i];
  Endfor
  gbest = argmax(f(pbest));
  Init the BSP Tree;
  Do
    calculate mbest by Eq. (8);
    For i = 1 to swarm size N
      update particle i with meticulous search strategy;
      search the BSP Tree;
      If revisit doesn't occur
        evaluate x[i];
        insert x[i] to BSP tree;
      Endif
      If f(x[i]) > f(pbest[i])
        pbest[i] = x[i];
      Endif
    Endfor
    gbest = argmax(f(pbest));
Until automatic stopping criterion is met
```

算法 7－1　非重访量子粒子群优化算法的伪代码

一、非重访方案

在进化算法中，重新访问以前评估过的解显然是一种计算资源的浪费。在这种情况下，优化算法的真实性能也可能会失真[200]。非重访方案首先由袁（Yuen）和周（Chow）[201]提出，并用于遗传算法（NrGA）。非重访方案通过一个树形的数据结构，即二进制空间分割树［binary space partitioning（BSP）tree］来存储所有被评估的解，以防止解被重新访问及评估，BSP 树是一个二叉搜索树，能够提供对一个解是否之前被访问过的快速查询。BSP 树的根代表整个搜索空间，每个非根节点代表一个搜索子空间。每个叶节点包含一个唯一的之前已经评估过的解决方案，而所有非叶节点都辅助树结构的构建。非重访方案的更多细节可以参考沃尔珀特（Wolpert）等的研究和娄（Lou）等的研究。

如果发生重访，NrGA 使用无参数自适应变异算子生成新的解决方案，保证偏离访问的解决方案。除了遗传算法之外，非重访方案也被应用于其他一些优化算法，例如非重访模拟退火（non-revisiting simulated annealing algorithm，NrSA）[203]和非重访粒子群优化（non-revisiting PSO，NrPSO）[204]。在 NrSA 和 NrPSO 中，非重访方案与搜索策略无关，BSP 树用于存储之前访问过的解。对于 NrSA，无参数邻居选择方案用于保证从先前迭代中未访问的搜索空间中选择的邻居方案。在 NrPSO 中，所有访问过的解决方案都被视为搜索的障碍，每个粒子都被迫在搜索空间中搜索一个随机但未访问过的位置。

在 NrQPSO 算法中，非重访方案与文献中描述的工作相似。算法 7－2 和算法 7－3 分别说明了重新访问检查和向 BSP 树插入节点的过程。从算法 7－1 可以看出，在对每个新生成的解进行评估之前，它应该首先通过重访检查。如果新生成的解是以前从未访问过的，则根据它与存储在 BSP 树中的解的距离对其进行评估并插入到 BSP 树中。

根据上面给出的 QPSO 在多级图像分割问题中的个体表示，搜索空间由代表多级阈值的离散点组成。搜索空间中的最大点数为C_L^m，其中 m 是阈值数，L 是灰度级数。显然，m 的最大数量由最大函数评估数（MaxFEs）和搜索空间中的最大点数中较小的一个决定。因此，即使 MaxFEs 设置为无穷大，搜索空间中的最大点数也非常有限，BSP 树的大小也受到限制。与搜索空间中无限点数的其他一些算法相比，例如 cNrGA[202]和 NrPSO[204]，所提出的用于多级图像分割的 NrQPSO 算法的计算复杂度非常低，因此 CPU 开销和额外的空间开销有限。在所提出的 NrQPSO 算法中，非重访方案的内存需求相对可以忽略不计。此外，当重访发生时，考虑到 QPSO 算法的位置更新策略足够强大且搜索空间相当有限，不像现有的大多数非重访方案的优化算法需要采用一定的方法生成一个未访问的解。对于多级图像分割问题，在 NrQPSO 算法中，没有使用额外的搜索过程来修改偏离当前位置的重新访问的解决方案。

```
Procedure of Revisit-check of solution x
    cnode = root of BSP tree
    While cnode is not a leaf node
        If x is close to the lower boundary of cnode
            cnode = cnode. leftchild;
        else
            cnode = cnode. rightchild;
        Endif
    Endfor
    If x is equal to cnode. x
        revisit occurs;
    Endif
```

算法 7－2　非重访检查的伪代码

```
Procedure of Inserting node of solution x to BSP tree
    cnode = root of BSP tree
    While cnode is not a leaf node
        If x is close to the lower boundary of cnode
            cnode = cnode. leftchild;
        else
            cnode = cnode. rightchild;
        Endif
    Endfor
    find dimension d with the maximum distance from x to cnode. x;
    set lower boundary of cnode to min(x(d), cnode. x(d));
    set upper boundary of cnode to max(x(d), cnode. x(d));
    insert two nodes as cnode. leftchild and cnode. rightchild;
    If x is close to the lower boundary of cnode
        cnode. leftchild. x = x;
        cnode. rightchild. x = cnode. x ;
    Else
        cnode. rightchild. x = x;
        cnode. leftchild. x = cnode. x;
    Endif
```

算法 7－3　BSP 树的节点插入伪代码

二、自动算法停止方案

进化算法总是需要一个算法的停止机制，以最大限度地减少在没有意义继续进一步探索的情况下的计算资源浪费。但是绝大多数应用程序通过在有限次数的迭代或函数评估时停止探索来绕过这个问题。由于进化算法是基于随机搜索的，因此很难预先定义一个精确的 MaxFEs 来准确地驱动探索收敛或达到可接受的结果。大多数情况下，具有安全且相对较大余量的 MaxFEs 被用作在搜索最优解时停止算法的唯一标准。因此，计算资源的浪费是不可避免的，无法根据优化目标和用户偏好设置平衡点。尽管一些工作已经解决了这个问题[205~208]，例如设置一个阈值来停止进化迭代，但是如果在这个阈值上最佳个体的适应度值没有进一步提高，那么这种方法仍然浪费了函数评估的计算资源。事实上，与进化算法的其他问题的研究相比，解决此类问题的关注度还是太低，目前仍然没有出现得到广泛认可的方案。

结合非重访方案，本小节为 NrQPSO 算法提出了一种简单高效的自动停止方案，如算法 7－4 所示。作为一个安全措施，即使在实践中可能永远不会达到，仍然需要最大数量的函数评估设置为停止条件以终止算法的探索迭代。从伪代码可以看出，如果重访连续发生，累计重访次数达到预定次数，这意味着在一定时间内没有新的解决方案产生。因此进一步探索将毫无意义，算法应该停止运行。称为连续重访阈值的参数 δ 对应于由用户偏好确定的更少成本或更好优化结果之间的平衡。

```
Procedure of Automatic stopping
  nofes = 0;
  While MaxFEs is not reach
    If revisit occurs for current solution
      nofes = nofes + 1;
    Else
      nofes = 0;
    Endif
    If nofes ≥ δ
      stop the NrQPSO algorithm;
    Endif
  Endwhile
```

算法 7－4 算法自动停止伪代码

显然，这里所提出的自动停止方案是独立于 NrQPSO 算法的搜索策略。结合非访问方案，自动停止方案可以通过减少处理图像分割阈值问题时不必要的功能评估来提高计算效率。

三、精细搜索策略

在 QPSO 中，每个更新步骤都在粒子的所有维度上执行。它可能明显地导致粒子的一些维度分量向最优移动，而其他维度分量可能远离最优[209]。因此，QPSO 通常很难搜索高维问题的全局最优解。奥德威治（Oldewage）等人证明了 PSO 中分量随机性对寻找最优解的重要性[210]。最近，已经有研究者做了一些工作将合作方法引入到 QPSO 算法中来解决这个问题，其中，全局最佳粒子被用作上下文向量来评估粒子的任何维度对适应度的影响[209]。为简单起见，这里将粒子的任何维度分量称为子粒子。全局最佳粒子的子粒子替换为特定粒子的相应子粒子，生成更新的上下文向量，并进行评估以估计该粒子是否在相应维度上获得比个人最佳和全局最佳更精确的结果。因此，合作方法有助于粒子在每个维度上将其搜索得到的更优的位置提供给整个种群。显然，合作方法能够提高 QPSO 的开发搜索能力。然而，对群体中的每个粒子全局最优解的每个维度进行处理，计算时间成本非常大，因此，协同方法降低了算法的计算效率。基于协作方法的开发不具有成本效益。

此外，在多级阈值图像分割中，代表分割阈值的子粒子应按升序排列。在搜索过程中，进化的上下文向量可能不满足此约束。解决问题常用的方法是将无序粒子按所希望的顺序排列。与 GA[211] 中的构建块假设一样，子粒子的稳定性，无论是值还是子序列顺序关系，对于收敛到效率最优都很重要。然而，QPSO 的演化过程极有可能打乱子粒子的子序列顺序关系。具有协作方法的 QPSO 也可能不得不频繁地重新排列粒子，因为它在每次迭代中可能多次用太大或太小的值替换全局最佳解决方案的子粒子。因此，原始的 QPSO 及其具有合作方法的变体在搜索图像分割的多级阈值化中的最优解时效率低下。

为了缓解这种低效率问题，提出了一种精细搜索策略，如算法 7－5 所示。在精细搜索策略中，为了平衡和充分利用 QPSO 的探索和开发能力，每个粒子只随机选择一个子粒子用于每次迭代中更新其个人最佳解决方案。由于 QPSO 所有的位置更新操作都保留在 NrQPSO 中，QPSO 在勘探方面的优势得到了保持。另外，精细搜索策略侧重于围绕每个粒子的个体最佳解决方案进行开发；通过它，函数评估的计算时间成本均匀地分散在整个进化过程中。这将通过细致的搜索策略更彻底地搜索解决方案空间，从而增加找到更好解决方案的机会。在非重访方案的支持下，精细搜索策略更有效地利用函数评估，因此能够以比合作方法更少的计算成本获得更好的解决方案。此外，由于每次迭代只改变每个粒子的个体最优解的一个维度，精细搜索策略在保持个体维度分量的子序列顺序关系方面具有优势，因此能够提高搜索效率。

```
Procedure of Meticulous search strategy on any particle i
  randomly select a sub-particle-j from the particle i;
  calculate p [i, j] with Eq. (3);
  update x [i, j] with Eq. (9);
  check boundary violation of x [i, j];
  If violated
    set x [i, j] to boundary value;
  Endif
  For k = 1 to D
    If k ≠ j
      x [i][k] = pbest [i][k];
    Endif
  Endfor
  sort x [i] in ascending order;
```

算法 7－5　精细搜索策略伪代码

显然，个体位置更新的计算复杂度为 O（tn），与 PSO 和原始 QPSO 的计算复杂度相同。因此，NrQSPO、PSO 和原始 QPSO 在 CPU 运行时间上的主要区别是由 BSP 树操作决定的。此外，自动停止方案可以降低最大迭代次数 t 的值，而 t 是算法计算复杂度的关键变量。因此，NrQSPO 算法的计算复杂度是可以接受的，这也在实验部分进行了阐述。

第三节　实验及结果分析

本节描述用于验证所提出方法的实验环境。首先介绍基准图像和比较算法，然后介绍参数设置和用于评估比较算法性能的测量指标。结果和讨论在本节末尾给出。

一、测试图像

BSDS500 数据集（Berkeley segmentation data set 500）由不同类别的自然图像组成，至少包含一个可识别的对象，如人、动物、建筑物和自然景观，因此在文献中被广泛用于基准分割算法[199,209,212,213]。在这项研究中，这些研究之后所提出的 NrQPSO 在 BSDS500 数据集的 500 张图像上进行了测试。为了突出所提出的 NrQPSO 优势，对六幅图像进行了更详细的评估，这六幅图像如图 7－1 所示。

（A）3063.jpg （B）35049.jpg （C）35070.jpg

（D）37073.jpg （E）38092.jpg （F）61060.jpg

图 7-1 六幅原始图像

二、实验环境及参数设置

本实验将 NrQPSO 与其他最先进的方法（包括 QPSO employing the cooperative method，CQPSO[209]；modified artificial bee colony algorithm，modified artificial bee colony algorithm，MABC[214]；GWO[215] 和 MFO[213]）进行了比较，评估了算法的解决方案精度、稳定性和计算效率等性能指标。Kapur 的熵被用作实验中的目标函数。因本章算法所提出的精细搜索策略具有与 CQPSO 中用于搜索最优解的合作策略相同的优点，所以选择了 CQPSO 与 NrQPSO 进行比较。MABC 是 ABC 算法应用于多级阈值分割的改进版本，与其他一些算法相比具有很强的竞争力。GWO 和 MFO 是新提出的高引用仿生算法。这两种算法都已在许多应用程序中用作优化器[193,216~218]，并与其他群算法进行了比较。文献中的实验结果证明了它们具有很高的开发能力，适用于解决现实世界的问题[196,219]。此外，GWO 和 MFO 在文献[213,215]中报道的多级阈值优化算法等在效率和有效性方面优于其他一些著名的方法和其他一些最近提出的元启发式算法，例如 GA、PSO、ABC、DE、萤火虫算法、细菌觅食算法、社会蜘蛛优化、正余弦算法、和谐搜索算法和鲸鱼算法。

函数评估的最大次数（MaxFEs）设置为 2000。此外，所使用的 NrQPSO 方法的参数列于表 7-1，其他比较算法的参数设置与其相应的论文相同。所有比较的图像分割方法均使用 MATLAB 2015a 进行编码，并在具有 3.40 GHz CPU 和 8 GB RAM 的个人计算机的 Window 7 系统下进行计算。对每个比较算法进行了 50 次模拟试验，在测试集的每个测试用例上使用随机初始种群。

表 7－1　本章实验中 NRQPSO 算法参数

Parameter	Description	Value
MaxFEs	Maximum number of function evaluations	2000
N	Population size	20
α	Contraction-expansion coefficient	$\alpha_0 = 1$，$\alpha_1 = 0.5$
δ	Continuous revisiting threshold	$(0.2/D) \times \text{MaxFEs}$

三、性能评价指标

对于解决方案的准确性和稳定性，是根据 Kapur 熵的目标函数值进行评估的。对于计算效率，评估收敛速度、达到最佳解决方案所需的函数评估次数以及相应的 CPU 使用时间。

峰值信噪比（peak signal-to-noise ratio，PSNR）是最近研究中估计分割图像质量的一种流行性能指标[214,220]，用于评估不同阈值下分割图像的质量。PSNR 主要计算分割图像和原始图像之间的重合度，以分贝为单位进行测量，如式（7－3）所示：

$$\text{PSNR} = 20 \times \log_{10}(255/\text{RMSE}) \tag{7-3}$$

其中 RMSE 是均方根误差，其定义如式（7－4）所示：

$$\text{RMSE} = \sqrt{\sum_{i=1}^{H}\sum_{j=1}^{W}(I(i,\ j) - I'(i,\ j))^2/(H \times W)} \tag{7-4}$$

其中 I' 及 I 分别是大小为 $H \times W$ 的分割后的图像和原图像。

四、结果与分析

作为一种基于种群的随机算法，所提出的 NrQPSO 最重要的问题是能够有效地搜索具有良好目标函数值的解。因此，基于获得的 Kapur 熵目标函数值分析了所提出的 NrQPSO 算法的求解精度和稳定性、计算效率，并与其他算法进行了比较，其详细介绍及分割图像的质量结果见下。此外，使用 Wilcoxon 秩和（WRS）检验[215]对所有比较算法之间的差异进行了分析。

1．**求解精度和稳定性**

为了说明 NrQPSO 算法的求解精度和稳定性，每个算法在 6 幅图像上独立运行 50 次得到的最佳目标函数的均值和标准差，四个阈值水平分别设置为 2、3、4、5。显然，目标函数的均值越高表示精度越高，而标准差值越低表示稳定性越好。每个测试案例的所有五个竞争者获得的最佳结果以粗体突出显示。由于所有算法都是随机算法，使用卡伊鲁扎曼（Khairuzzaman）等[215]研究中的 Wilcoxon 秩和（WRS）检验进行统计分析，以 5% 的显著性水平进行比较。结果显示在表 7－2 的最后一列中。符号“＋”表示所提出的 NrQPSO 的结果显著优于相应的比较算法，而符号“＊”表示差异不显著。第一列符号表示 NrQPSO 和 MABC 之间的性能差异，而第二列、第三列和第四列符号分别是 NrQPSO 和 GWO、NrQPSO 和 CQPSO 以及 NrQPSO 和 MFO 之间的比较。

表 7－2　NrQPSO、MABC、GWO、CQPSO 和 MFO 的目标函数值

Images	m	NrQPSO Mean(St. Dev.)	MABC Mean(St. Dev.)	GWO Mean(St. Dev.)	CQPSO Mean(St. Dev.)	MFO Mean(St. Dev.)	WRS
3063.jpg	2	**12.3826** (**3.5888E−15**)	12.3789 (1.2904E−02)	**12.3826** (**3.5888E−15**)	**12.3826** (**3.5888E−15**)	12.3815 (7.5649E−03)	+ * * *
	3	**15.4633** (**5.2477E−03**)	15.4562 (8.0773E−03)	15.4549 (6.2429E−03)	15.4528 (8.2738E−03)	15.4519 (5.5610E−03)	+ + + +
	4	**18.5065** (**1.0766E−14**)	18.5042 (1.4830E−02)	18.4989 (1.1022E−02)	18.4927 (3.7417E−02)	18.4919 (2.9469E−02)	+ + + +
	5	**21.4481** (**2.6164E−02**)	21.4035 (5.3155E−02)	21.3935 (5.5742E−02)	21.3728 (1.1926E−01)	21.3790 (4.6656E−02)	+ + + +
35049.jpg	2	**12.2602** (**3.5888E−15**)	12.2601 (8.6286E−05)	**12.2602** (**3.2951E−05**)	**12.2602** (**3.5888E−15**)	**12.2602** (**3.2951E−05**)	+ * * *
	3	**15.3529** (**8.2583E−03**)	15.3488 (9.0156E−03)	15.3463 (1.1154E−02)	15.3486 (9.1136E−03)	15.3470 (8.8304E−03)	+ + + +
	4	**18.4011** (**1.7944E−14**)	**18.4011** (**1.7944E−14**)	18.3975 (3.9907E−03)	18.3828 (7.5287E−02)	18.4006 (3.0206E−03)	* + * +
	5	**21.0870** (**4.0277E−04**)	21.0824 (1.1494E−02)	21.0677 (3.0294E−02)	21.0324 (9.5960E−02)	21.0786 (3.0592E−02)	+ + + +
35070.jpg	2	**11.4469** (**0.0000E+00**)	11.4467 (1.3400E−03)	**11.4469** (**0.0000E+00**)	**11.4469** (**0.0000E+00**)	**11.4469** (**0.0000E+00**)	* * * *
	3	**14.4313** (**1.6150E−14**)	**14.4313** (**1.6150E−14**)	14.4309 (7.3776E−04)	14.3997 (8.6466E−02)	14.4312 (2.4278E−04)	* + + *
	4	**17.1482** (**3.5888E−15**)	**17.1482** (**3.5888E−15**)	17.1437 (8.1520E−03)	17.1387 (4.2847E−02)	17.1455 (1.4271E−02)	* + * +
	5	**19.7377** (**3.9108E−03**)	19.7310 (1.8001E−02)	19.7006 (2.1866E−02)	19.7153 (2.6022E−02)	19.7197 (2.3880E−02)	* + + +

续上表

Images	m	NrQPSO Mean(St. Dev.)	MABC Mean(St. Dev.)	GWO Mean(St. Dev.)	CQPSO Mean(St. Dev.)	MFO Mean(St. Dev.)	WRS
37073. jpg	2	**12. 0430** (**1. 7944E − 15**)	12. 0417 (9. 4757E − 03)	**12. 0430** (**1. 7944E − 15**)	12. 0265 (2. 8826E − 02)	**12. 0430** (**1. 7944E − 15**)	* * + *
	3	**15. 3730** (**7. 1776E − 15**)	15. 3728 (3. 4336E − 04)	15. 3726 (4. 7927E − 04)	15. 3727 (3. 6626E − 04)	15. 3728 (3. 2784E − 04)	+ + + +
	4	**18. 2783** (**2. 1873E − 03**)	18. 2752 (4. 9840E − 03)	18. 2689 (1. 0642E − 02)	18. 2733 (5. 5424E − 03)	18. 2747 (4. 7245E − 03)	+ + + +
	5	**21. 1728** (**4. 7542E − 04**)	21. 1725 (8. 8032E − 04)	21. 1698 (2. 0098E − 03)	21. 0672 (1. 7376E − 01)	21. 1643 (4. 9293E − 02)	+ + + +
38092. jpg	2	**12. 9056** (**1. 7944E − 15**)	**12. 9056** (**1. 1510E − 05**)	**12. 9056** (**1. 7944E − 15**)	**12. 9056** (**2. 0365E − 05**)	**12. 9056** (**1. 7944E − 15**)	* * + *
	3	**16. 0677** (**1. 4991E − 05**)	**16. 0677** (**1. 4355E − 14**)	16. 0676 (9. 0258E − 05)	16. 0674 (3. 2543E − 04)	16. 0676 (2. 0706E − 04)	* + + +
	4	**19. 0296** (**1. 4355E − 14**)	**19. 0296** (**1. 4355E − 14**)	19. 0290 (5. 3592E − 04)	**19. 0296** (**1. 4355E − 14**)	19. 0291 (8. 6015E − 04)	* + * +
	5	**21. 7756** (**2. 2131E − 04**)	**21. 7756** (**1. 6849E − 04**)	21. 7690 (3. 6858E − 02)	21. 7748 (1. 8757E − 03)	21. 7745 (1. 8217E − 03)	* + + +
61060. jpg	2	**12. 6823** (**1. 6150E − 14**)	**12. 6823** (**1. 6150E − 14**)	**12. 6823** (**1. 6150E − 14**)	12. 6816 (4. 9198E − 03)	**12. 6823** (**1. 6150E − 14**)	* * * *
	3	**15. 8644** (**6. 2933E − 05**)	**15. 8534** (**4. 3362E − 02**)	15. 8643 (2. 3868E − 04)	15. 8044 (8. 4733E − 02)	15. 8582 (3. 1028E − 02)	* + + *
	4	**18. 8670** (**1. 0766E − 14**)	18. 8668 (3. 2455E − 04)	18. 8664 (5. 8387E − 04)	18. 8181 (1. 2884E − 01)	18. 8668 (7. 8778E − 04)	+ + + +
	5	**21. 5577** (**2. 4829E − 03**)	21. 529 (5. 1873E − 02)	21. 5075 (5. 9722E − 02)	21. 4769 (1. 2990E − 01)	21. 5289 (5. 2434E − 02)	+ + + +

从表 7 - 2 中的结果可以看出，所提出的 NrQPSO 算法在所有 24 种情况下都获得了最佳平均值，并且在 24 种情况中的 22 种情况下标准差最小。它表明 NrQPSO 在求解精度和稳定性方面优于比较算法。当涉及统计分析时，显然，对于少量的阈值（例如阈值为 2 级），所有算法得到的目标函数的值几乎是相同的。NrQPSO 与其他四种算法几乎在所有图像上的 2 级阈值分割的结果没有显著差异。然而，对于更高级别的阈值，具有 3、4 和 5 级别阈值分割的结果表明 NrQPSO 与其他四种算法之间存在显著差异。NrQPSO 在 18 个测试案例中的 10 个案例中显著优于所有其他案例，在 18 个测试案例中的 13 个案例中显著优于 GWO、CQPSO 和 MFO。出现这种结果的原因是引入了细致的搜索策略以更彻底地利用解决方案空间。可以得出结论，NrQPSO 具有更有效的搜索能力以获得更好和更稳定的结果。

2. **计算效率**

为了评估 NrQPSO 的计算效率，测量了算法收敛速度、用于获得最优解的函数评估次数以及相应的 CPU 时间。

（1）收敛速度。

评估多级阈值优化算法性能的另一个重要标准是逼近最优值的速度。对于每个测试实例，在 50 次独立运行中选择最终目标函数最接近平均目标函数值的实例来证明收敛速度。24 个测试案例中所有五个竞争者的收敛过程如图 7 - 2 至图 7 - 5 所示。通过对这些图的观察，我们发现本章所提出的 NrQPSO 在大多数情况下具有在所有算法中最好的收敛效率，尤其是在更高级别阈值上。

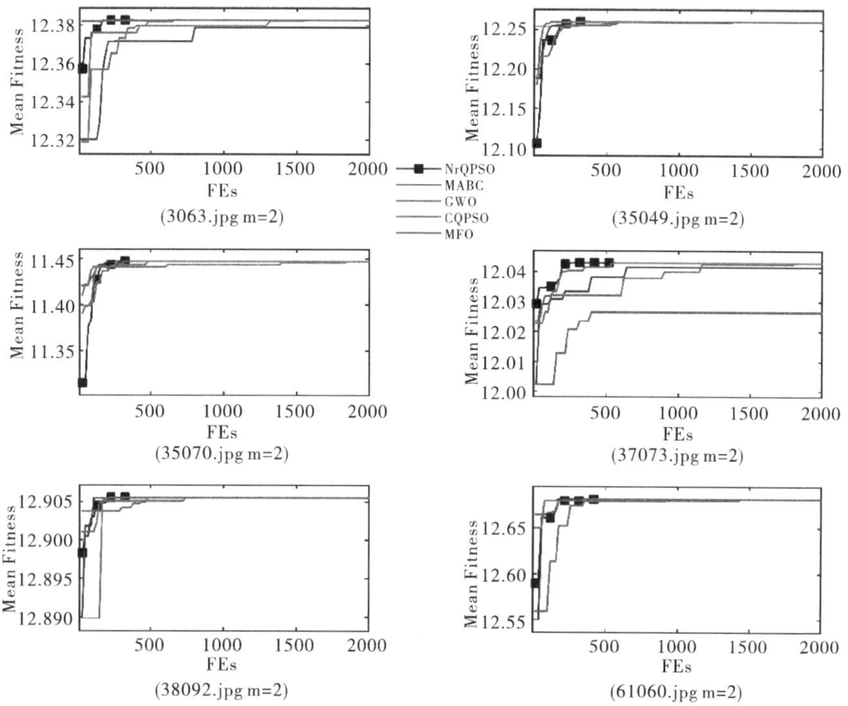

图 7 - 2 比较算法在 m = 2 的 6 幅图像上的收敛速度

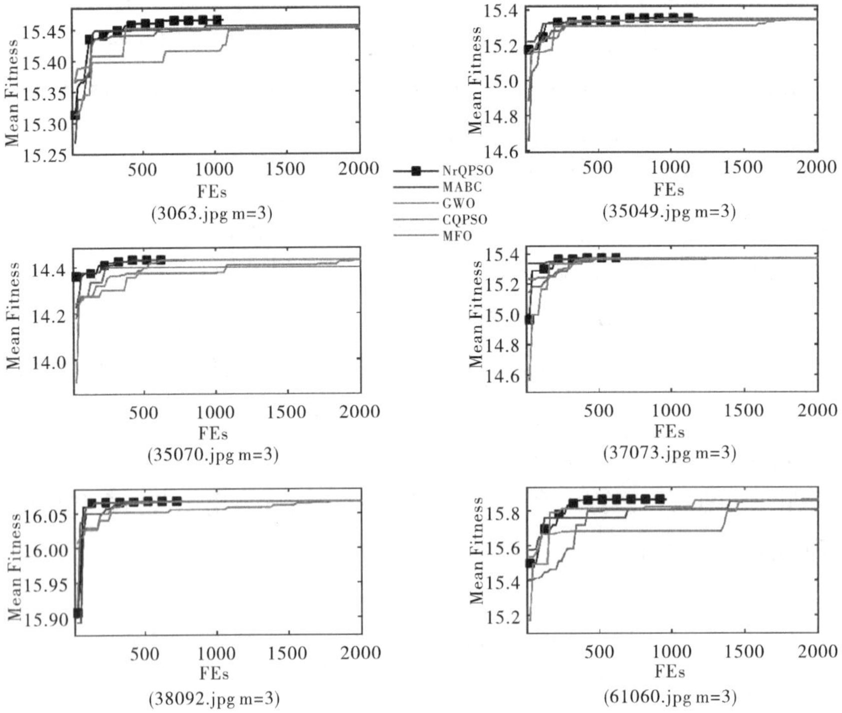

图 7－3　比较算法在 m＝3 的 6 幅图像上的收敛速度

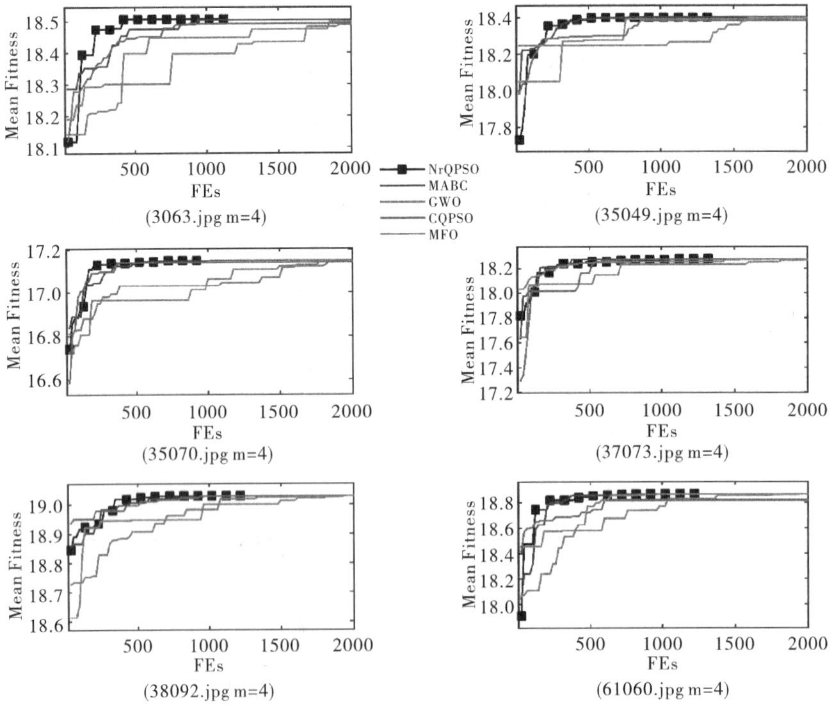

图 7－4　比较算法在 m＝4 的 6 幅图像上的收敛速度

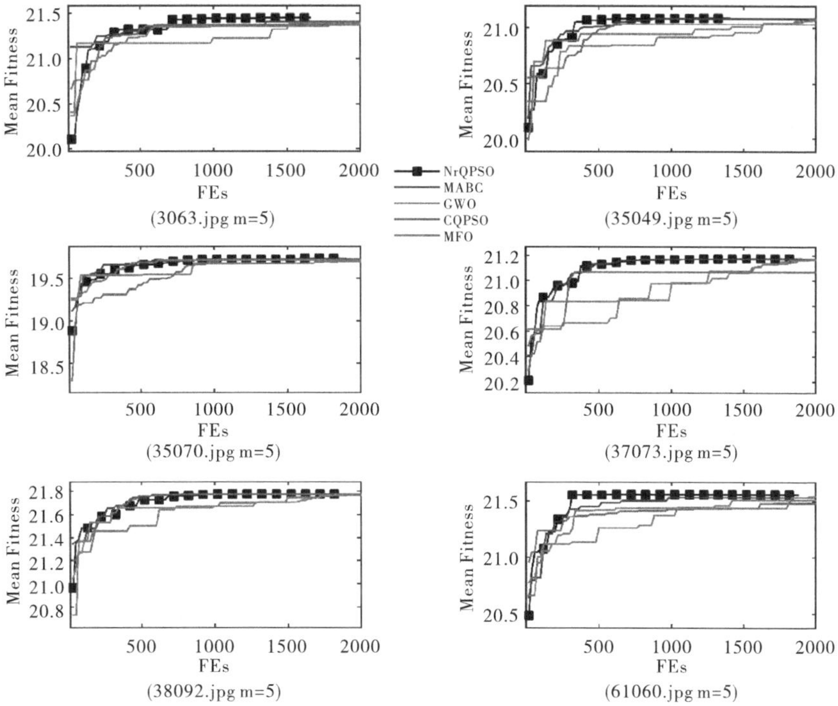

图 7－5　比较算法在 m＝5 的 6 幅图像上的收敛速度

（2）NrQPSO 的目标函数评估次数。

NrQPSO 配备了自动停止机制来停止解决方案探索，以减少在找不到进一步改进解决方案时花费在进一步探索上的不必要的功能评估（FE）。这意味着每个测试案例中每次运行的近似最佳阈值水平所需的 FE 数应小于或等于预定义的 MaxFEs。表 7－3 显示了 NrQPSO 停止 FE 数的平均值和标准差。它表明停止的 FE 数量随着阈值水平的增加而增加。显然，随着搜索空间维数的增加，搜索最优解的复杂度也会相应增加。尽管表 7－3 中显示的停止 FE 数的标准差在每个测试用例中有所不同，但在 50 次运行中获得的最终目标函数值是稳定的，因为在每种情况下相应的标准差都非常小，如表 7－2 所示。因此，可以得出结论，自动停止机制能够衡量不必要探索的进度，并在目标图像的各种未知属性和进化过程的随机性影响下以自然的方式合理地停止算法。

表 7－3　NrQPSO 的目标函数评估次数

m	3063. jpg	35049. jpg	35070. jpg	37073. jpg	38092. jpg	61060. jpg
2	396 (1. 2509E＋02)	368 (3. 9165E＋01)	344 (2. 4696E＋01)	590 (3. 7370E＋02)	376 (4. 5436E＋01)	466 (8. 6717E＋01)
3	1582 (2. 4424E＋02)	1475 (5. 0121E＋02)	679 (2. 6838E＋02)	648 (1. 6551E＋02)	807 (1. 2158E＋02)	966 (3. 8448E＋02)

续上表

m	3063. jpg	35049. jpg	35070. jpg	37073. jpg	38092. jpg	61060. jpg
4	1197 (3.0244E+02)	1364 (3.1292E+02)	1004 (1.9688E+02)	1339 (2.2796E+02)	1291 (1.9630E+02)	1272 (2.6220E+02)
5	1689 (1.4142E+02)	1410 (1.3642E+02)	1912 (2.3720E+01)	1910 (1.6754E+02)	1867 (1.6479E+02)	1885 (1.5132E+01)

（3） CPU 运算时间。

除了高性能之外，短的有限计算时间对于实时应用也是必需的。实验中记录了计算每种算法的最佳解决方案所需的 CPU 时间。表 7－4 总结了五种比较算法对每个测试用例运行 50 次所采用的平均 CPU 时间（以秒为单位），这与江（Jiang）等[199]的研究和卡伊鲁扎曼（Khairuzzaman）等[215]的研究中所采用的方法一致。Wilcoxon 秩和（WRS）检验的结果也以 5% 的显著性水平进行比较，其中符号“＋”和“＊”含义同上，符号“－”表示 NrQPSO 的 CPU 时间比相应的比较算法差。很明显，算法之间的差异是显著的。每个测试案例的所有竞争者获得的最佳结果以粗体突出显示。一般来说，所提出的 NrQPSO 算法在 24 个算法中有 10 个在运行速度上优于所有其他比较算法。此外，很明显，当阈值水平较低时，NrQPSO 比所有其他算法快得多；但是，当阈值水平增加时，NrQPSO 的竞争力会降低，因为 BSP 树维护需要额外的计算工作。实验结果表明，当阈值水平很大时，NrQPSO 并不是最快的算法之一。尽管如此，它的计算时间仍然是可控的。在 NrQPSO 不是最快算法的所有情况下，与最快算法相比，NrQPSO 所需的平均 CPU 时间要多出不到 32%。总而言之，NrQPSO 的性能对于实时应用来说还是可以接受的。

表 7－4　NrQPSO、MABC、GWO、CQPSO 和 MFO 的平均耗费 CPU 时间

Images	m	NrQPSO	MABC	GWO	CQPSO	MFO	WRS
3063. jpg	2	**0.0933**	0.1662	0.1543	0.1412	0.1443	+ + + +
	3	0.1852	0.1872	0.1627	**0.1446**	0.1562	+ * * *
	4	0.2022	0.1928	0.1816	**0.1654**	0.1669	* * - -
	5	0.2323	0.2090	0.1870	0.1796	**0.1764**	- - - -
35049. jpg	2	**0.0501**	0.1659	0.1502	0.1181	0.1441	+ + + +
	3	0.1902	0.1783	0.1587	**0.1486**	0.1557	* - - -
	4	0.2109	0.1843	0.1770	0.1679	**0.1649**	* * * *
	5	0.2282	0.1950	0.1794	0.1774	**0.1745**	* * - -
35070. jpg	2	**0.0447**	0.1591	0.1507	0.1231	0.1401	+ + + +
	3	**0.1431**	0.1601	0.1493	0.1451	0.1504	* * * *
	4	**0.1461**	0.1879	0.1751	0.1479	0.1615	+ + * *
	5	0.2225	0.2141	0.1868	0.1785	**0.1714**	* - - -

续上表

Images	m	NrQPSO	MABC	GWO	CQPSO	MFO	WRS
37073. jpg	2	**0. 0918**	0. 1551	0. 1487	0. 1353	0. 1433	+ + + +
	3	**0. 1179**	0. 1749	0. 1539	0. 1429	0. 1548	+ + + +
	4	0. 1862	0. 1884	0. 1696	**0. 1567**	0. 1661	+ * * *
	5	0. 2188	0. 2088	0. 1834	**0. 1691**	0. 1792	− * * *
38092. jpg	2	**0. 0512**	0. 1681	0. 1510	0. 1297	0. 1573	+ + + +
	3	**0. 1274**	0. 1754	0. 1692	0. 1503	0. 1729	+ + + +
	4	0. 1905	0. 1954	0. 1752	**0. 1588**	0. 1811	* − − −
	5	0. 2293	0. 2079	0. 1876	**0. 1778**	0. 1921	− − − −
61060. jpg	2	**0. 0546**	0. 1687	0. 1509	0. 1258	0. 1564	+ + + +
	3	0. 1741	0. 1793	0. 1661	**0. 1440**	0. 1550	+ * * *
	4	0. 1787	0. 1908	0. 1829	0. 1687	**0. 1661**	+ * * *
	5	0. 2131	0. 1765	0. 1786	**0. 1741**	0. 1760	− − − −

此外，与其他比较算法相比，NrQPSO 在逼近最优解时需要更少的 FE。当函数评估非常耗时时，它具有节省运行时间的优势。另外，除了使用 BSP 树之外，降低非访问方案的计算成本的潜在研究方向也受到这一结果的启发，并将在未来进行进一步研究。

3. **分割图像质量**

分割图像的质量在 PSNR 上进行比较。PSNR 值越高表示分割图像的质量越好。

每个算法在 6 个测试图像上独立运行 50 次获得的 PSNR 平均值，阈值级别为 2、3、4、5。所有五个竞争者获得的最佳结果以粗体突出显示。统计分析采用 Wilcoxon 秩和（WRS）检验，也采用以 5% 的显著性水平进行比较，其中所有符号含义同上述的一样。如表 7 – 5 所示，NrQPSO 算法在 24 种情况中有 15 种获得了 PSNR 的最佳平均值。阈值水平为 3、4 和 5 的结果表明 NrQPSO 与比较算法之间存在显著差异。与所有其他四种算法相比，NrQPSO 在 18 个测试例中的 8 个中表现更好，并且在 18 个测试例中的 11 个中显著优于至少两种其他算法。由于 Kapur 的熵目标函数值和 PSNR 值在某些图像上不一致，例如 3063. jpg，因此 NrQPSO 获得的 PSNR 值的优越性不如 NrQPSO 获得的目标函数值显著。但仍然可以得出结论，所提出的 NrQPSO 通常能够获得比其他算法质量更好的分割图像。

表 7 – 5　NrQPSO、MABC、GWO、CQPSO 和 MFO 的平均 PSNR

Images	m	NrQPSO	MABC	GWO	CQPSO	MFO	WRS
3063. jpg	2	12. 5558	**12. 7102**	12. 5558	12. 5558	12. 6060	– * * –
	3	**19. 4770**	17. 7504	18. 1621	16. 5871	16. 9204	+ + + +
	4	20. 5428	20. 5075	20. 7702	20. 7087	**20. 7962**	* – – –
	5	18. 7042	21. 7953	21. 6136	21. 6365	**23. 4442**	– – – –
35049. jpg	2	15. 1566	**15. 1801**	15. 1592	15. 1566	15. 1592	– – * –
	3	**20. 5088**	20. 2894	20. 2518	20. 0088	20. 1952	+ + + +
	4	**24. 2523**	**24. 2523**	24. 2428	24. 0246	24. 2230	* + + +
	5	**26. 0928**	26. 0345	25. 7188	25. 1366	25. 9792	+ + + +
35070. jpg	2	**14. 5693**	14. 5691	**14. 5693**	**14. 5693**	**14. 5693**	* * * *
	3	23. 2588	23. 2588	**23. 2650**	22. 4609	23. 2585	* – + +
	4	**18. 6348**	**18. 6348**	18. 5774	18. 5036	18. 4053	* + + +
	5	**24. 6401**	23. 9438	20. 9480	20. 6863	22. 4751	+ + + +
37073. jpg	2	12. 3830	12. 5213	12. 3830	**13. 7658**	12. 3830	* * – *
	3	**20. 4018**	20. 3681	20. 3537	20. 3559	20. 3616	+ + + +
	4	**25. 8314**	22. 9660	19. 4437	20. 8783	22. 5338	+ + + +
	5	21. 5794	21. 5821	21. 5719	21. 1372	**21. 5993**	* * + –
38092. jpg	2	**15. 8367**	15. 8286	**15. 8367**	15. 7619	**15. 8367**	* * * *
	3	17. 6439	17. 6428	17. 6427	**17. 7180**	17. 6583	* * – –
	4	**21. 1793**	**21. 1793**	21. 1561	**21. 1793**	21. 1591	* * * +
	5	**21. 5754**	21. 5554	21. 4118	21. 4536	21. 4844	* + + +
61060. jpg	2	**14. 3336**	**14. 3336**	**14. 3336**	14. 3334	**14. 3336**	* * * *
	3	13. 5754	14. 1765	13. 5744	**16. 2897**	13. 8534	– * – –
	4	**21. 7249**	21. 7164	21. 6272	21. 1922	21. 6951	+ + + +
	5	**22. 8000**	22. 3108	21. 2093	21. 6624	21. 9443	+ + + +

表 7 – 6 给出了所有算法使用 Kapur 熵获得的阈值，其中相应的目标函数值最接近 50 次运行中的平均目标函数值。在某些测试用例中，即使有所比较的算法获得的阈值与本章的 NrQPSO 算法获得的阈值没有很大区别，但是与 NrQPSO 相比，这些算法仍然无法获得在实验中的全部算法中的最佳阈值。因此可以得出结论，即使个体的位置接近搜索空间中的最优解，这些比较算法也无法找到最优解。这主要是由于 NrQPSO 算法通过精细搜索策略提高了开发搜索能力。

表 7－6　NrQPSO、MABC、GWO、CQPSO 和 MFO 所得到的阈值

Images	m	NrQPSO	MABC	GWO	CQPSO	MFO
3063. jpg	2	54－161	54－161	54－161	54－161	54－161
	3	54－156－229	54－151－229	54－153－228	57－157－229	56－164－229
	4	50－110－168－229	52－110－170－229	45－110－164－229	44－110－166－229	75－109－168－229
	5	44－77－109－167－228	42－80－109－172－229	42－79－109－173－230	41－81－109－163－229	41－81－109－169－229
35049. jpg	2	82－165	82－165	82－165	82－165	82－165
	3	79－164－215	81－163－215	82－162－215	81－163－215	82－162－215
	4	77－118－165－215	77－118－165－215	78－120－165－215	77－125－166－215	77－120－165－215
	5	65－98－133－170－215	65－96－132－172－215	68－100－134－172－215	77－105－136－170－215	65－98－136－170－215
35070. jpg	2	96－183	96－183	96－183	96－183	96－183
	3	96－155－184	96－155－184	95－155－184	93－155－184	96－155－184
	4	68－101－155－184	68－101－155－184	71－102－155－184	72－102－154－184	70－102－155－184
	5	67－98－134－158－184	69－100－135－158－184	75－102－134－158－184	72－101－135－159－184	72－102－134－158－184
37073. jpg	2	86－143	86－143	86－143	86－143	86－143
	3	86－131－182	85－131－182	85－131－182	85－131－182	85－131－182
	4	86－122－157－199	86－122－160－200	89－124－160－200	88－122－157－200	88－122－158－198
	5	53－90－122－157－198	52－90－122－157－198	51－90－122－157－197	64－92－122－157－198	55－90－122－158－198
38092. jpg	2	96－170	96－170	96－170	96－170	96－170
	3	74－128－186	74－128－186	74－128－187	73－128－186	74－128－187
	4	68－117－164－207	68－117－164－207	69－117－165－207	68－117－164－207	68－117－165－207
	5	57－95－133－172－208	57－95－133－172－208	62－99－136－172－208	56－95－133－172－208	57－94－133－172－208
61060. jpg	2	109－174	109－174	109－174	109－174	109－174
	3	61－108－174	60－109－174	61－108－174	109－162－255	60－109－174
	4	61－108－165－205	61－108－164－204	61－108－165－204	61－107－164－204	61－108－164－204
	5	62－108－143－175－206	59－108－140－171－206	52－108－143－175－206	42－73－108－165－205	59－108－140－171－206

为了对分割结果进行可视化的直观展示，图 7 - 6 和图 7 - 7 中显示了具有较高阈值（例如，m = 4 或 m = 5）的相应分割图像。总的来说，NrQPSO 方法可以产生稳定和清晰的分割结果，其质量超过了比较算法的平均水平。此外，虽然文献表明实验中比较算法的数值差异并不总是揭示肉眼观察结果的相同水平显著差异[213]，但所提出的 NrQPSO 方法从肉眼判断，仍然比其他比较算法具有更好的分割结果。例如，对于图 7 - 6 中的空中战斗机图像（A），在 NrQPSO 方法得到的分割图像中可以清楚地看到飞机的两个轮子，这比 MFO 算法所分割的图像的质量要明显出色。此外，NrQPSO 结果中飞机机翼上的十字线分别比 CQPSO 结果和 GWO 结果更清晰。另外，就图 7 - 7 的图像（F）而言，NrQPSO 的分割结果比对比的算法得到的结果要能更清楚地看到滑雪板。此外，当分割图像被放大时，能够发现 NrQPSO 结果中包含的更多细节，例如图 7 - 7 的图像（A）和（D），或者与比较方法的分割结果相比，噪声更少，例如图 7 - 6 和图 7 - 7 的图像（C）。

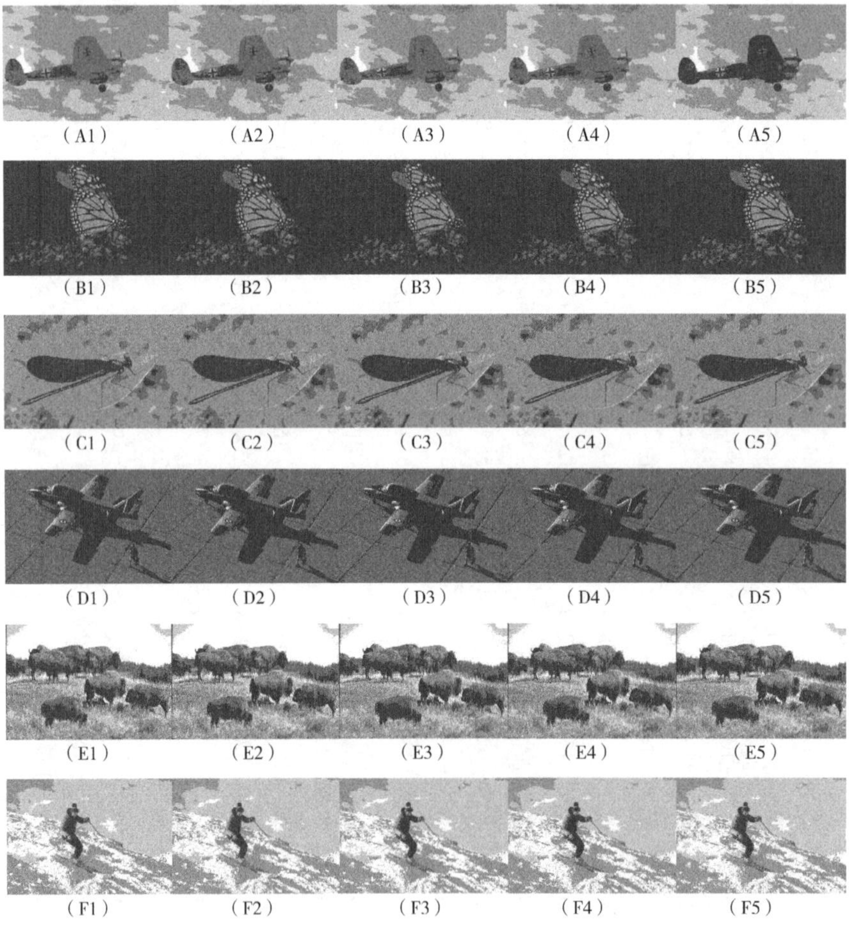

（A1）~（F1） NrQPSO 的分割结果　（A2）~（F2） MABC 的分割结果　（A3）~（F3） GWO 的分割结果　（A4）~（F4） CQPSO 的分割结果　（A5）~（F5） MFO 的分割结果

图 7 - 6　所有算法得到的 4 级阈值图像

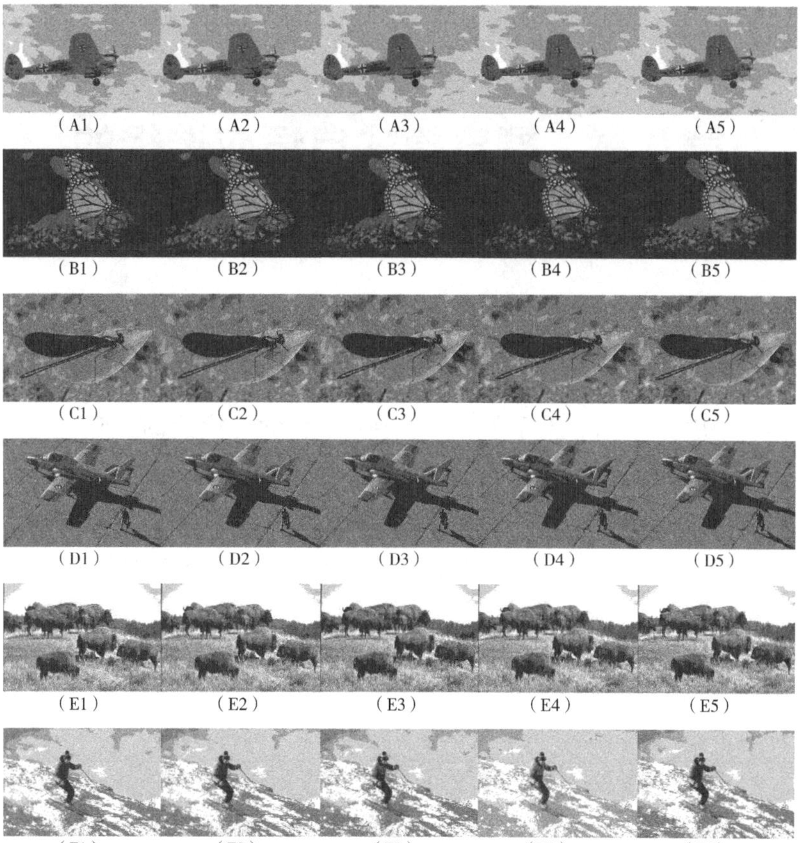

(A1) ~ (F1) NrQPSO 的分割结果　(A2) ~ (F2) MABC 的分割结果　(A3) ~ (F3) GWO 的分割结果　(A4) ~ (F4) CQPSO 的分割结果　(A5) ~ (F5) MFO 的分割结果

图 7 - 7　所有算法得到的 5 级阈值图像

本章小结

本章我们介绍了一种采用 Kapur 熵准则的最优多级阈值化方法和一种基于个体访问位置信息学习模型的自学习型 QPSO 算法，该算法配备了非重访方案、自动停止机制和精细搜索策略。

在由 500 张图像组成的 Berkeley 分割数据集上，将所提出方法的性能与四种先进的分割算法进行了比较。实验结果表明，所提方法在求解精度、稳定性和计算效率上明显优于 MABC、GWO、CQPSO 和 MFO。此外，所提出的 NrQPSO 被证明能够产生比比较算法更高质量的分割图像。在多级阈值问题情况下，NrQPSO 的主要缺点是 BSP 树操作的计算复杂性，当阈值较大时可能导致相对较高的 CPU 负荷。

在未来的工作中，可将所提出的 NrQPSO 算法与其他流行的图像分割方法相结合，以提高分割结果。此外，为了降低计算成本，可研究一种比使用 BSP 树更简单、更有效的非重访方案。

第八章　搜索模式自适应选择的自学习混合粒子群算法

在本章中，提出了一种以粒子群优化（PSO）算法和樽海鞘群算法（salp swarm slgorithm，SSA）为基线算法，基于子群搜索模式增强学习模型的自学习混合优化算法，即 self-learning hybrid optimization algorithm based on the particle swarm optimization and the salp swarm algorithm，HSL-PSO-SSA，用于解决函数优化问题。在 HSL-PSO-SSA 中，采用了基于 PSO 和 SSA 思想的三种搜索策略，并设计了一个概率模型来确定一种搜索策略用于更新搜索种群中个体的频率。通过实验研究了 HSL-PSO-SSA 在求解单峰和多峰基准函数方面的性能。从实验结果可以看出，所提出的 HSL-PSO-SSA 优于包括标准 PSO 和原始 SSA 在内的比较算法。

第一节　自学习混合粒子群算法研究背景

本章的混合算法主要基于粒子群优化算法和樽海鞘群算法。下面首先对樽海鞘群算法的数学模型进行描述，然后对相关的混合算法的研究现状进行分析。

一、樽海鞘群算法

受樽海鞘在海洋中航行和觅食时的群体行为的启发，樽海鞘群算法（SSA）被提出作为解决现实世界问题的优化器。SSA 的数学模型主要与称为樽海鞘链的群体行为相关，这指的是樽海鞘以链状形式漂浮在一起的行为。分成领导者和追随者两组的樽海鞘种群是按照指定策略在空间中移动的搜索代理，而食物来源则呈现出目前整个种群达到的全局最优。

在第 t 次迭代中，设$\boldsymbol{S}_i^t$和$\boldsymbol{F}^t$分别为第 i 个樽海鞘和食物来源在 D 维搜索空间中的位置。然后领导者樽海鞘的位置通过如下的数学模型来更新：

$$\boldsymbol{S}_{i,j}^{t+1}=\begin{cases}\boldsymbol{F}_j^t+\boldsymbol{c}_1((\boldsymbol{ub}_j-\boldsymbol{lb}_j)\boldsymbol{c}_2+\boldsymbol{lb}_j)\,\boldsymbol{if}\ \boldsymbol{c}_3\geqslant 0\\ \boldsymbol{F}_j^t-\boldsymbol{c}_1((\boldsymbol{ub}_j-\boldsymbol{lb}_j)\boldsymbol{c}_2+\boldsymbol{lb}_j)\,\boldsymbol{if}\ \boldsymbol{c}_3<0\end{cases}\tag{8-1}$$

其中 i 为1，$\boldsymbol{c}_2$和$\boldsymbol{c}_3$都是均匀分布在［0，1］上的随机值，j 代表第 j 维的位置和食物来源，$\boldsymbol{ub}_j$和$\boldsymbol{lb}_j$指的是搜索空间上界和下界的第 j 维，$\boldsymbol{c}_1$是用于平衡探索和利用的重要参数，使用以下式子来进行计算：

$$\boldsymbol{c}_1 = 2e^{-(4t/T)^2} \tag{8-2}$$

其中 T 是搜索迭代的最大次数。

追随者樽海鞘 i 的位置更新基于以下式子：

$$\boldsymbol{S}_{i,j}^{t+1} = \frac{1}{2}(\boldsymbol{S}_{i,j}^{t} + \boldsymbol{S}_{i-1,j}^{t}) \tag{8-3}$$

SSA 的伪代码参见米尔加利（Mirjalili）等[221]研究中的内容。

二、相关研究分析

本小节主要关注两个主要部分，第一部分是关于使用混合方法改进 PSO 和 SSA 的近期工作，第二部分是关于群智能算法搜索模式自学习方案的近期工作。

由于混合方法受益于不同方法的多种优势，近年来研究者提出了许多两种或多种算法混合的工作。在这些混合工作中，有部分是基于 PSO 和 SSA。大多数关于混合方法提高 PSO 和 SSA 性能的尝试都集中在两类：第一类是将多种基线算法作为整体来进行合并，第二类是选择多个基线算法的某些组件来组合构建新算法。

第一类研究的重点在于基线算法的结合点。一个精英池是用 PSO 中粒子自己的最佳位置构建的，并用杨（Yang）等[222]研究中的差分进化（DE）算法生成新的个体。然后将粒子自身的最佳位置替换为具有相同序列号的新生成个体。在加尔格（Garg）等[223]研究中，作者通过简单的组合形式提出了一种混合 PSO-GA 算法，轮流运行 PSO 和 GA，并通过遗传算法用更好个体的替换策略提高了 PSO 算法的种群质量。在易卜拉欣（Ibrahim）[224]研究中，SSA 和 PSO 同时运行以更新樽海鞘群的位置，并且在每次迭代中，适应度值最差的樽海鞘根据 SSA 的规则进行更新，而适应度值较好的樽海鞘则采用 PSO 的规则来更新。在李（Li）等[225]研究中，SSA 和引力搜索算法（gravitational search algorithm，GSA）分别在每个搜索个体同时运行，而具有更好适应度值的新个体将被选为下一次迭代的种群成员。

第二类中的大多数研究都试图为搜索代理设计一种独特的搜索行为，这些搜索代理具有从多个优化算法继承的多个优势特征。在米尔加利（Mirjalili）等[226]研究中，作者使用 GSA 和 PSO 的分量设计了一个新的速度矢量更新方程。基于沙耶（Sayah）等[227]研究中 PSO 的操作，DE 算法通过补充变异算子得到改进。在朴（Pu）等[228]研究中，作者使用遗传算法中的选择算子、四个交叉算子和两个变异算子来提高基本 PSO 的性能。

群智能算法的性能取决于搜索代理的集体行为的搜索性能，这些搜索代理的行为会导致算法的全局搜索模式。然而，无论群智能算法的某一个搜索算子多么强大，也无法对所有问题实现最优搜索，甚至对于某个给定的问题，算子的最优选择也是时变的。为了提高搜索个体的智能，研究者提出了搜索模式自适应学习的思想，在没有先验知识已知的情况下，对具有不同性质的问题，将多种搜索策略应用在一个算法框架中。在基于搜索模式自适应学习的算法中，每个搜索个体都能够根据环境的反馈选择自己的搜索策略。搜索模式自适应学习方法已被证明对于算法在不同类型的问题上获得良好性能是有用的[147]。

对于基于搜索模式自学习的算法设计，有两个无法回避的主要问题：①什么样的搜索策略应该包含在基于自学习的算法中；②如何从以前的搜索经验中学习。因此，搜索模式自学习算法的大多数相关工作都集中在这两个问题上。

关于第一个问题，可以基于单个基线算法或多个不同基线算法的搜索规则设计多种搜索策略。使用单一基线算法的不同搜索策略或具有不同参数设置的相同搜索策略来为自学习方法构建多个搜索策略池是很自然的。例如，在 SLPSO[147] 中，选择了四种基于 PSO 的搜索策略。在自适应粒子群算法（adaptive PSO，APSO）[3] 中，PSO 原始更新方程的四个参数设置被用于为粒子提供不同的搜索行为。在具有策略自适应的差分进化算法（differential evolution algorithm with strategy adaptation，SaDE）[229] 中，搜索策略及其相关的控制参数值都是根据搜索策略以前的经验逐渐调整的。在集成粒子群优化算法（ensemble PSO，EPSO）[230] 中，提出了不同 PSO 算法的集成和自适应方案。类似地，三种不同的布谷鸟搜索算法被用作集成布谷鸟搜索算法的构成方法[231]。另外，多个基线算法组合的想法也很流行。例如在针对实参数空间的自适应多方法全局优化搜索算法（self-adaptive multimethod search for global optimization in real-parameter spaces，AMALGAM-SO）[232] 中，使用自学习策略自动调整允许三种单独算法［协方差矩阵适应进化策略（covariance matrix adaptation evolution strategy，CMA-ES）、GA、PSO］贡献的后代数量。

如何从以往的搜索经验中学习并做出适应性调整，以选择合适的搜索策略是自学习策略的关键问题。一般是采用定义固定代数为学习期，记录学习期内搜索策略的表现。每个搜索策略的奖励是在每个学习期结束时计算的，并且在下一个学习周期，大多数研究由概率模型确定的每种搜索策略应该采用的搜索代理的数量会根据奖励进行更新。搜索策略的归一化概率与选择方法（例如随机通用选择和轮盘赌选择）一起使用，以决定应该使用哪种搜索策略来更新每个搜索代理[147,229,230,233]。

这些自学习方案之间的一个主要区别是计算搜索策略奖励的方法。现有研究的奖励方案可以分为两类。第一类是基于排名的奖励方案，其中所有搜索代理在每次迭代中根据其适应度值进行排序，然后根据搜索代理采用的整体排名计算每个搜索策略的奖励[147]。第二类是基于成功率的方案，对于每个策略，记录在每次迭代中为搜索代理生成改进解决方案的成功率，然后根据学习期间的总体成功率计算每个搜索策略的奖励[229,230,233]。

第二节　自学习混合粒子群算法

一、搜索策略及算法框架

PSO 和 SSA 的共同缺点之一是在寻找全局最优时过早收敛。群体的最佳位置被视为群体的搜索中心，对搜索种群的行为有很大影响。如果群体的最佳位置在以后的迭代中陷入局部最优，则每个粒子的速度非常小，以至于粒子无法摆脱局部最优。由于在樽海鞘种群中只有一个领导者，因此早熟收敛问题在 SSA 中更为严重。当领导者陷入局部最优时，整个樽海鞘群不容易逃出局部最优。

首先，为了克服 PSO 和 SSA 的早熟收敛问题，我们基于 PSO 和 SSA 的思想设计了一种新颖的搜索策略。克莱尔克（Clerc）等[61]研究中的轨迹分析表明，为了保证 PSO 算法的收敛性，每个粒子必须收敛到其局部吸引子$\boldsymbol{Q}_i^t$［如式（2－7）所示］。考虑到 SSA 中没有定义 ***pbest*** 和 ***gbest***，每个樽海鞘目前到达的最佳位置记录为 ***pbest***，樽海鞘种群的食物来源在我们的方法中被视为 ***gbest***。据此，将各樽海鞘的位置更新方程修改为：

$$\boldsymbol{S}_{i,j}^{t+1}=\begin{cases}\boldsymbol{Q}_{i,j}^{t}+c_1((\boldsymbol{ub}_j-\boldsymbol{lb}_j)c_2+\boldsymbol{lb}_j)\ \boldsymbol{if}\ c_3\geqslant 0\\ \boldsymbol{Q}_{i,j}^{t}-c_1((\boldsymbol{ub}_j-\boldsymbol{lb}_j)c_2+\boldsymbol{lb}_j)\ \boldsymbol{if}\ c_3<0\end{cases}\tag{8-4}$$

局部吸引子的引入带来了灵活的搜索中心，可以克服早熟问题。

基于全新设计的搜索策略和原有的樽海鞘领导者和樽海鞘跟随者的搜索策略，提出了一种搜索模式自学习算法。

所提出的 SLSSA 算法的伪代码在算法 8－1 中给出。

```
HSL-PSO-SSA
  initiate the population with the method in SSA;
  While the maximum FEs is not reached
    For i = 1 to N
      evaluate salp[i];
    Endfor
    set the food source;
    For i = 1 to N
      choose a search strategy according to the selection probabilities;
      update the position of salp[i] with Eq. (8-1) or Eq. (8-3) or Eq. (8-4);
    Endfor
    update the selection probabilities when it is necessary;
Endwhile
```

算法 8－1　HSL-PSO-SSA 算法伪代码

可以看出，在 HSL-PSO-SSA 算法中，没有领导者和追随者，每个樽海鞘都可以用三种搜索策略中的一种进行更新。除了多种搜索策略本身之外，决定应该使用哪种搜索策略来更新每个搜索个体的方法也很重要。基于王（Wang）等[147]研究中的思想，本章提出了一种改进的搜索模式自学习策略。

二、搜索模式自学习策略

最初，所有策略的选择概率都设置为相等的值。之后根据式（8－5）在每次迭代中计算所有策略的累加器：

$$\mathrm{S}_k=\begin{cases}\mathrm{S}_k & \textit{if no improvement on the fitness}\\ \mathrm{S}_k+w_{i,k} & \textit{if some improvement on the fitness}\end{cases} \tag{8-5}$$

其中S_k是第 k 个搜索策略的累加器；$w_{i,k}$是采用策略 k 生成新位置的第 i 个樽海鞘的贡献。

由于$w_{i,k}$是决定搜索策略执行概率的唯一因素，因此$w_{i,k}$的计算方案对于自学习方法至关重要。根据本章第一节相关内容的介绍，最近的工作通常采用两种方案进行奖励计算：基于排名的方案和基于成功率的方案。然而，这两种方案都存在一些缺陷。对于基于排名的奖励计算方案，存在两个问题：一是该方案考虑的是每个搜索代理的当前适应度，而不是相对于先前解决方案的相应适应度提升，没有反映相应搜索策略在当前的性能迭代。二是如果搜索策略将搜索代理驱使到任何迭代竞争适应度较低的位置，即使在以后的迭代中找到更好的位置，搜索策略也可能受到比该方案中的奖励更多的惩罚，这不利于在算法解决多峰问题时鼓励搜索代理跳出局部最优。同时，对于基于成功率的奖励计算方案，没有考虑搜索策略和改进搜索代理的程度。大大提高搜索代理质量与仅略微提高搜索代理质量的搜索策略的奖励相同，结果，降低了自学习策略的效率。

针对现有方案存在的问题，基于以下三个思路提出了一种新颖的奖励计算方案。首先，这些搜索策略之间的竞争依赖于搜索代理的适应度改进而不是适应度值的比较。其次，在搜索策略的竞争中考虑了适应度提高的程度。最后，为了鼓励对搜索空间中未知区域的探索，只有那些到达更好位置的搜索行为才被考虑用于奖励计算。其余没有达到更好位置的搜索行为，一视同仁，没有奖励或惩罚。

一般来说，令目标函数为最小值，贡献值$w_{i,k}$可根据算法 8－2 给出的伪代码计算。从式（8－5）中，我们可以看到贡献在生成后被添加到其相关更新策略的累加器中。最后，使用以下等式来更新固定代数 Pg 后第 k 个搜索策略的选择概率。

$$\mathrm{Sp}_k'=\delta\,\mathrm{Sp}_k+(1-\delta)\mathrm{S}_k \tag{8-6}$$

$$\mathrm{Sp}_k=\mathrm{Sp}_k'/(\sum_{i=1}^{L}\mathrm{Sp}_i') \tag{8-7}$$

其中 L 是搜索策略的总数。

计算完成后，所有策略的累加器在下一轮的初始值都被设置为零以开始一个新周期的计算。

```
w_{i,k} calculating method
   Better_Hit = 0;
   For i = 1 to N
      FP[i] = 0;
      If the fitness is improved
         FP[i] = fitness of the last iteration-current fitness;
         Better_Hit = Better_Hit + 1;
      Endif
      ST[i] = the search strategy number adopted by this particle;
   Endfor
   Normalize FP to the scale of [0, 1];
   For i = 1 to N
      k = ST[i];
      w_{i,k} = FP[i]/Better_Hit;
   Endfor
```

算法 8－2　贡献值计算伪代码

第三节　实验及结果分析

在本节中，我们对一组标准基准函数[153]进行了实验，以评估所提出的 HSL-PSO-SSA 算法的性能，并与标准 PSO 和原始 SSA 进行比较。基准函数集包含 12 个实例，其中 7 个是单峰函数（f_1到f_7），5 个是多峰函数（f_8到f_{12}）。这些测试实例在优化算法中呈现出不同的难度。所有测试实例的维度均设置为 30。

为了公平比较，所有算法均使用 MATLAB 2015a 进行编码，所有实验均在配备 3.40 GHz Intel（R） Core（TM） i7 CPU 和 8 GB RAM 的个人计算机上运行。由于模拟实验中的算法是随机优化技术，为了生成有意义的统计结果，每个算法运行 50 次，每个测试函数的初始种群都是随机的。竞争算法在每个测试函数的 50 次独立运行中实现相应性能指标的中位数（$\tilde{x}$）和四分位数间距（IQR），被作为结果的集中趋势和统计分散的度量来进行记录。在包含相应指标的中值和四分位距的表中，中值最好的结果被认为是最好的，如果任何两个算法的中值同为最佳，四分位距值较小的被认为是更好的那个。每个测试函数的最佳结果以灰色背景突出显示。

为了评估 HSL-PSO-SSA 的性能，将 HSL-PSO-SSA 获得的实验结果与标准 PSO、原始

SSA 进行全面的对比分析，对比的内容包括解的准确性和稳定性以及求解的计算效率。

实验中 PSO 的参数设置与文献中报道的典型配置相同[3]。c_1 和 c_2 都设置为 2，并且 ω 从 0.9 线性减小到 0.4。根据相应的参考资料[221]，SSA 不需要设置任何参数。所提出的 HSL-PSO-SSA 算法只需要设置两个参数。在实验中，Pg 设置为 100，δ 设置为 5/6。为了公平比较，目标函数评估（FE）的最大数量设置为 4.0×10^4，每个测试函数的所有竞争算法的搜索种群大小设置为 20。

对于基于种群的随机算法，性能比较中最重要的问题是算法搜索具有良好目标函数值的解的能力。因此，在以下第一点中，根据获得的目标函数值，与其他算法进行比较，分析所提出的 HSL-PSO-SSA 的求解精度和稳定性。此外，算法在达到所获得的最优值时的计算效率是优化算法性能比较的另一个重要焦点，这个主题将在第二点中介绍。

一、解的准确性和稳定性

在表 8－1 中，显示了每个算法在 12 个基准测试函数上独立运行 50 次所获得的最佳目标函数值的中位数和四分位距，以说明竞争算法的求解精度和稳定性。每个测试函数的所有三个竞争算法中的最佳结果以灰色背景突出显示。并且为了清楚地说明中值比较结果，即使其对应的 IQR 值比其他算法差，每个测试函数的最佳中值也用灰色背景单独突出显示。

表 8－1　解的准确性比较结果

Problems	HSL-PSO-SSA	PSO	SSA
	$\tilde{x}$（IQR）	$\tilde{x}$（IQR）	$\tilde{x}$（IQR）
f_1	**0.000E+00（0.000E+00）**	1.000E−06（1.000E+04）	2.747E−01（5.171E−01）
f_2	**1.335E−02（1.766E−01）**	2.000E+01（1.000E+01）	5.319E+00（3.465E+00）
f_3	**2.672E+01（2.820E+01）**	3.888E+04（2.210E+04）	2.515E+03（1.678E+03）
f_4	**1.268E+02（1.182E+03）**	1.671E+02（3.628E+02）	2.979E+03（1.167E+04）
f_5	**0.000E+00（0.000E+00）**	0.000E+00（9.900E+03）	2.110E−01（3.678E−01）
f_6	**2.542E−02（1.303E−02）**	5.426E+00（5.434E+00）	1.592E−01（9.280E−02）
f_7	5.291E+03（7.942E+02）	**4.650E+03（1.350E+03）**	4.985E+03（9.663E+02）
f_8	7.761E+01（3.557E+01）	1.629E+02（4.200E+01）	**5.281E+01（2.492E+01）**
f_9	**8.100E+01（3.500E+01）**	1.989E+02（5.572E+01）	8.200E+01（4.308E+01）
f_{10}	**1.550E−05（1.099E+00）**	1.996E+01（2.326E+00）	5.066E+00（1.659E+00）
f_{11}	**7.396E−03（1.232E−02）**	2.706E+02（1.802E+02）	4.101E−01（5.301E−01）
f_{12}	**1.011E−01（1.142E+00）**	1.037E−01（4.146E−01）	1.031E+01（4.533E+00）

表 8－1 中的结果表明，所提出的 HSL-PSO-SSA 在 12 个基准测试函数中的 10 个中获得了最佳中值，在 10 个中获得了最佳 IQR。此外，HSL-PSO-SSA 在其他两个测试实例上

的结果也非常接近比较算法所获得的最佳结果。在一些复杂的测试实例，如f_3、f_6、f_{10}和f_{11}上，HSL-PSO-SSA 算法的结果至少比 PSO 和 SSA 的结果好一个数量级。它说明 HSL-PSO-SSA 在解决方案的准确性和稳定性方面优于其他算法。

可以得出结论，SLSSA 具有更有效的搜索能力，可以在不同问题上获得更好、更稳定的结果。之所以会出现这样的结果，是因为引入了新搜索策略和自学习策略。

二、计算效率

为了展示逼近全局最优解的速度，也显示了达到“可接受”解所需的 FEs 数量。关于“可接受”值的详细信息，请参见詹（Zhang）等[3]和杨（Yang）等[153]的研究内容。除了f_6到f_9，本书中使用了杨（Yang）等[153]研究中大多数测试实例的“可接受”值。为了清晰展示结果，f_6、f_7、f_8和f_9的“可接受”值在仿真实验中分别设置为 0.03、6000、100 和 100。如果某个算法在某次运行中无法达到“可接受”解，则该次运行的结果以最大 FEs 数量为准。实验中达到指定“可接受”解所需的 FEs 数量如表 8－2 所示。

表 8－2 达到“可接受”解所需的 FEs 数量

Problems	**HSL-PSO-SSA**	**PSO**	**SSA**
	$\tilde{x}$（**IQR**）	$\tilde{x}$（**IQR**）	$\tilde{x}$（**IQR**）
f_1	**2.912E+04（1.500E+02）**	3.403E+04（7.285E+03）	4.000E+04（0.000E+00）
f_2	4.000E+04（7.775E+03）	**4.000E+04（0.000E+00）**	**4.000E+04（0.000E+00）**
f_3	**2.631E+04（1.580E+03）**	4.000E+04（0.000E+00）	4.000E+04（0.000E+00）
f_4	4.000E+04（1.231E+04）	4.000E+04（2.015E+03）	**4.000E+04（0.000E+00）**
f_5	**3.462E+04（2.200E+02）**	3.814E+04（2.865E+03）	4.000E+04（0.000E+00）
f_6	**2.299E+04（1.920E+04）**	4.000E+04（0.000E+00）	4.000E+04（0.000E+00）
f_7	**1.958E+04（3.070E+03）**	4.000E+03（3.870E+03）	4.000E+04（0.000E+00）
f_8	**2.064E+04（2.330E+03）**	4.000E+04（0.000E+00）	4.000E+04（0.000E+00）
f_9	**1.952E+04（2.129E+04）**	4.000E+04（0.000E+00）	4.000E+04（0.000E+00）
f_{10}	**3.081E+04（9.380E+03）**	4.000E+04（0.000E+00）	4.000E+04（0.000E+00）
f_{11}	**3.133E+04（9.685E+03）**	4.000E+04（0.000E+00）	4.000E+04（0.000E+00）
f_{12}	4.000E+04（6.075E+03）	4.000E+04（2.385E+03）	**4.000E+04（0.000E+00）**

从表 8－2 中可以看出，HSL-PSO-SSA 算法在 12 个测试实例中的 9 个上具有更好的全局最优收敛速度。尽管 HSL-PSO-SSA 在f_2、f_4和f_{12}上达到可接受解所需的 FEs 数量并非最少，但从表 8－1 可知，HSL-PSO-SSA 在这三个测试函数上能够获得比 PSO 和 SSA 更好的解。

本章小结

本章提出了一种基于子群搜索模式增强学习模型的自学习混合优化算法。这项工作的主要贡献是：（1）设计了一种新型搜索策略。PSO 中的局部吸引子的思想被整合到 SSA 中，并作为搜索代理的搜索中心。因此，搜索代理的搜索精度和效率得到了提高。（2）领导者樽海鞘和追随者樽海鞘的搜索策略被用作所有搜索个体的候选策略，以增加种群的多样性。（3）在自学习方案中，采用概率模型来确定一个搜索策略被用来更新一个搜索个体的概率。自学习方案中的自适应方法鼓励搜索个体采用在过去几代中产生更好质量的解决方案的策略。通过这种方式，算法解决不同类型问题的整体能力得到了提高。

为了说明所提出的 HSL-PSO-SSA 方法的性能，用一组包含 12 个测试函数的基准测试集对其进行了测试。实验结果证明，所提出的 HSL-PSO-SSA 方法在求解精度和计算效率方面优于标准 PSO 和原始 SSA。

在未来的工作中，可继续在现有的算法框架中增加更多的高效率搜索策略的研究，使算法能更好地实现更多类型的复杂优化问题的求解。

参考文献

[1] KENNEDY J, EBERHART R. Particle swarm optimization [C] //Proceedings of the 1995 IEEE International Conference on Neural Networks. Perth, Australia: IEEE, 1995: 1942 - 1948.

[2] LI C, YANG S, NGUYEN T T. A self-learning particle swarm optimizer for global optimization problems [J]. IEEE Transactions on Systems, Man, and Cybernetics, Part B (Cybernetics), 2011, 42 (3): 627 - 646.

[3] ZHAN Z H, ZHANG J, LI Y, et al. Adaptive particle swarm optimization [J]. IEEE Transactions on Systems, Man, and Cybernetics, Part B (Cybernetics), 2009, 39 (6): 1362 - 1381.

[4] LIM W H, ISA N A M. An adaptive two-layer particle swarm optimization with elitist learning strategy [J]. Information Sciences, 2014, 273: 49 - 72.

[5] PIOTROWSKI A P, NAPIORKOWSKI J J. Some metaheuristics should be simplified [J]. Information Sciences, 2018, 427: 32 - 62.

[6] DEB K. Multi-objective optimization using evolutionary algorithms [M]. Chichester: Wiley, 2001.

[7] MIETTINEN K M. Nonlinear multiobjective optimization [M]. Norwell: Kluwer Academic Publisher, 1999.

[8] ESLAMI M, SHAREEF H, KHAJEHZADEH M, et al. A survey of the state of the art in particle swarm optimization [J]. Research Journal of Applied Sciences, Engineering and Technology, 2012, 4 (9): 1181 - 1197.

[9] MOORE J, CHAPMAN R. Application of particle swarm to multiobjective optimization [D]. Auburn: Auburn University, 1999.

[10] 高芳. 智能粒子群优化算法研究 [D]. 哈尔滨：哈尔滨工业大学，2008.

[11] SHI Y H, EBERHART R. A modified particle swarm optimizer [C] //Proceedings of the 1998 IEEE International Conference on Evolutionary Computation. Anchorage: IEEE, 1999: 69 - 73.

[12] ANGELINE P J. Evolutionary optimization versus particle swarm optimization:

philosophy and performance differences [M]. Evolutionary Programming Ⅶ: Springer, 1998: 601 - 610.

[13] ANGELINE P J. Using selection to improve particle swarm optimization [C] //Proceedings of the 1998 IEEE International Conference on Evolutionary Computation. IEEE, 1999: 84 - 89.

[14] LØVBJERG M. Improving particle swarm optimization by hybridization of stochastic search heuristics and self-organized criticality [D]. Aarhus C, Denmark: University of Aarhus, 2002.

[15] NICKABADI A, EBADZADEH M M, SAFABAKHSH R. A novel particle swarm optimization algorithm with adaptive inertia weight [J]. Applied Soft Computing, 2011, 11 (4): 3658 - 3670.

[16] EBERHART R C, SHI Y H. Tracking and optimizing dynamic systems with particle swarms [C] //Proceedings of the 2001 Congress on Evolutionary Computation. IEEE, 2001: 94 - 100.

[17] SHI Y H, EBERHART R C. Empirical study of particle swarm optimization [C] //Proceedings of the 1999 IEEE Congress on Evolutionary Computation. IEEE, 1999: 1945 - 1950.

[18] CHATTERJEE A, SIARRY P. Nonlinear inertia weight variation for dynamic adaptation in particle swarm optimization [J]. Computers & Operations Research, 2006, 33 (3): 859 - 871.

[19] FENG Y, TENG G F, WANG A X, et al. Chaotic inertia weight in particle swarm optimization [C] //Proceedings of the 2nd International Conference on Innovative Computing, Information and Control. IEEE, 2007: 475.

[20] ZHENG Y L, MA L H, ZHANG L Y, et al. On the convergence analysis and parameter selection in particle swarm optimization [C] //Proceedings of the 2003 International Conference on Machine Learning and Cybernetics. IEEE, 2003: 1802 - 1807.

[21] JIAO B, LIAN Z G, GU X S. A dynamic inertia weight particle swarm optimization algorithm [J]. Chaos, Solitons & Fractals, 2008, 37 (3): 698 - 705.

[22] SHI Y H, EBERHART R C. Fuzzy adaptive particle swarm optimization [C] //Proceedings of the 2001 IEEE Congress on Evolutionary Computation. IEEE, 2001: 101 - 106.

[23] ARUMUGAM M S, RAO M V C. On the improved performances of the particle swarm optimization algorithms with adaptive parameters, cross-over operators and root mean square (RMS) variants for computing optimal control of a class of hybrid systems [J].

Applied Soft Computing, 2008, 8 (1): 324 – 336.

[24] CHAUHAN P, DEEP K, PANT M. Novel inertia weight strategies for particle swarm optimization [J]. Memetic Computing, 2013, 5 (3): 229 – 251.

[25] TAHERKHANI M, SAFABAKHSH R. A novel stability-based adaptive inertia weight for particle swarm optimization [J]. Applied Soft Computing, 2016, 38: 281 – 295.

[26] RATNAWEERA A, HALGAMUGE S, WATSON H C. Self-organizing hierarchical particle swarm optimizer with time-varying acceleration coefficients [J]. IEEE Transactions on Evolutionary Computation, 2004, 8 (3): 240 – 255.

[27] JIANG Y Z, HAO Z F, YUAN G Z, et al. Multilevel thresholding for image segmentation through Bayesian particle swarm optimisation [J]. International Journal of Modelling, Identification and Control, 2012, 15 (4): 267 – 276.

[28] KENNEDY J. Small worlds and mega-minds: effects of neighborhood topology on particle swarm performance [C] //Proceedings of the 1999 Congress on Evolutionary Computation. IEEE, 1999: 1931 – 1938.

[29] JIANG B, WANG N, WANG L P. Particle swarm optimization with age-group topology for multimodal functions and data clustering [J]. Communications in Nonlinear Science and Numerical Simulation, 2013, 18 (11): 3134 – 3145.

[30] LIANG X L, LI W F, ZHANG Y, et al. An adaptive particle swarm optimization method based on clustering [J]. Soft Computing, 2015, 19 (2): 431 – 448.

[31] BENEDETTI M, AZARO R, MASSA A. Memory enhanced PSO-based optimization approach for smart antennas control in complex interference scenarios [J]. IEEE Transactions on Evolutionary Computation, 2008, 56 (7): 1939 – 1947.

[32] 段其昌，黄大伟，雷蕾，等. 带扩展记忆的粒子群优化算法仿真分析 [J]. 控制与决策，2011，26 (7): 1087 – 1090.

[33] 段其昌，张广峰，黄大伟，等. 加强学习与联想记忆的粒子群优化算法 [J]. 计算机应用，2012，32 (12): 3322 – 3325.

[34] XIE X F, ZHANG W J, YANG Z L. Adaptive particle swarm optimizationon individual level [C] //Proceedings of the 6th International Conference on Signal Processing. Beijing, China: IEEE, 2002: 1215 – 1218.

[35] HIGASHI N, IBA H. Particle swarm optimization with Gaussian mutation [C] //Proceedings of the 2003 IEEE Swarm Intelligence Symposium. IEEE, 2003: 72 – 79.

[36] STACEY A, JANCIC M, GRUNDY I. Particle swarm optimization with mutation [C] //Proceedings of the 2003 Congress on Evolutionary Computation. IEEE, 2003: 1425 – 1430.

[37] VAN DEN BERGH F, ENGELBRECHT A P. A cooperative approach to particle swarm optimization [J]. IEEE Transactions on Evolutionary Computation, 2004, 8 (3): 225－239.

[38] LI X D. Adaptively choosing neighbourhood bests using species in a particle swarm optimizer for multimodal function optimization [C] //Proceedings of the 2004 Genetic and Evolutionary Computation Conference. Springer, 2004: 105－116.

[39] DE CARVALHO D F, BASTOS-FILHO C J A. Clan particle swarm optimization [J]. International Journal of Intelligent Computing and Cybernetics, 2009, 2 (2): 197－227.

[40] ENGELBRECHT A P. Heterogeneous particle swarm optimization [C] //Proceedings of the 7th International Conference on Swarm Intelligence. Springer: 191－202.

[41] SUN J, FENG B, XU W. Particle swarm optimization with particles having quantum behavior [C] //Proceedings of the 2004 IEEE Congress on Evolutionary Computation. Portland, USA: IEEE, 2004: 325－331.

[42] LIANG J J, QIN A K, SUGANTHAN P N, et al. Comprehensive learning particle swarm optimizer for global optimization of multimodal functions [J]. IEEE Transactions on Evolutionary Computation, 2006, 10 (3): 281－295.

[43] NASIR M, DAS S, MAITY D, et al. A dynamic neighborhood learning based particle swarm optimizer for global numerical optimization [J]. Information Sciences, 2012, 209: 16－36.

[44] YU X, ZHANG X Q. Enhanced comprehensive learning particle swarm optimization [J]. Applied Mathematics and Computation, 2014, 242: 265－276.

[45] ACAN A, GUNAY A. Enhanced particle swarm optimization through external memory support [C] //Proceedings of the 2005 IEEE Congress on Evolutionary Computation. IEEE, 2005: 1875－1882.

[46] ZAVALA A M, AGUIRRE A H, DIHARCE E V. Robust PSO-based constrained optimization by perturbing the particle's memory [M] //CHAN F T S, TIWARI M K. Swarm Intelligence Focus on Ant and Particle Swarm Optimization. Croatia: I-Tech Education and Publising, 2007: 57－76.

[47] KOULINAS G, KOTSIKAS L, ANAGNOSTOPOULOS K. A particle swarm optimization based hyper-heuristic algorithm for the classic resource constrained project scheduling problem [J]. Information Sciences, 2014, 277: 680－693.

[48] DONG N, WU C H, IP W H, et al. An opposition-based chaotic GA/PSO hybrid algorithm and its application in circle detection [J]. Computers & Mathematics with

Applications, 2012, 64 (6): 1886 - 1902.
[49] SHELOKAR P, SIARRY P, JAYARAMAN V K, et al. Particle swarm and ant colony algorithms hybridized for improved continuous optimization [J]. Applied Mathematics and Computation, 2007, 188 (1): 129 - 142.
[50] NWANKWOR E, NAGAR A K, REID D C. Hybrid differential evolution and particle swarm optimization for optimal well placement [J]. Computational Geosciences, 2013, 17 (2): 249 - 268.
[51] CABRERA G, RONCAGLIOLO S, RIQUELME J P, et al. A hybrid particle swarm optimization-simulated annealing algorithm for the probabilistic travelling salesman problem [J]. Studies in Informatics and Control, 2012, 21 (1): 50 - 63.
[52] ZHANG Y D, JUN Y, WEI G, et al. Find multi-objective paths in stochastic networks via chaotic immune PSO [J]. Expert Systems with Applications, 2010, 37 (3): 1911 - 1919.
[53] AHN C W, AN J, YOO J C. Estimation of particle swarm distribution algorithms: combining the benefits of PSO and EDAs [J]. Information Sciences, 2012, 192: 109 - 119.
[54] SHEN Q, SHI W M, KONG W. Hybrid particle swarm optimization and tabu search approach for selecting genes for tumor classification using gene expression data [J]. Computational Biology and Chemistry, 2008, 32 (1): 53 - 60.
[55] CHEN J Y, QIN Z, LIU Y, et al. Particle swarm optimization with local search [C] //Proceedings of the 2005 International Conference on Neural Networks and Brain. IEEE, 2005: 481 - 484.
[56] LIANG J J, SUGANTHAN P N. Dynamic multi-swarm particle swarm optimizer with local search [C] //Proceedings of the 2005 IEEE Congress on Evolutionary Computation. IEEE, 2005: 522 - 528.
[57] CHIAM S C, TAN K C, MAMUN A A. A memetic model of evolutionary PSO for computational finance applications [J]. Expert Systems with Applications, 2009, 36 (2): 3695 - 3711.
[58] TANG D, CAI Y, ZHAO J, et al. A quantum-behaved particle swarm optimization with memetic algorithm and memory for continuous non-linear large scale problems [J]. Information Sciences, 2014, 289: 162 - 189.
[59] SAMMA H, LIM C P, SALEH J M. A new reinforcement learning-based memetic particle swarm optimizer [J]. Applied Soft Computing, 2016, 43: 276 - 297.
[60] WANG H F, MOON I, YANG S X, et al. A memetic particle swarm optimization

algorithm for multimodal optimization problems [J]. Information Sciences, 2012, 197: 38 – 52.

[61] CLERC M, KENNEDY J. The particle swarm-explosion, stability, and convergence in a multidimensional complex space [J]. IEEE transactions on Evolutionary Computation, 2002, 6 (1): 58 – 73.

[62] KADIRKAMANATHAN V, SELVARAJAH K, FLEMING P J. Stability analysis of the particle dynamics in particle swarm optimizer [J]. IEEE Transactions on Evolutionary Computation, 2006, 10 (3): 245 – 255.

[63] JIANG M, LUO Y P, YANG S Y. Stochastic convergence analysis and parameter selection of the standard particle swarm optimization algorithm [J]. Information Processing Letters, 2007, 102 (1): 8 – 16.

[64] PAN F, LI X T, ZHOU Q, et al. Analysis of standard particle swarm optimization algorithm based on Markov Chain [J]. Acta Automatica Sinica, 2013, 39 (4): 381 – 389.

[65] KURIHARA T, JIN'NO K. Analysis of convergence property of PSO and its application to nonlinear blind source separation [C] //Proceedings of the 2013 IEEE Congress on Evolutionary Computation. IEEE, 2013: 976 – 981.

[66] VAN DEN BERGH F. An analysis of particle swarm optimizers [D]. Pretoria, South Africa: University of Pretoria, 2002.

[67] CUI Z H, ZENG J C. A guaranteed global convergence particle swarm optimizer [M] //ZIARKO W, YAO Y Y. Rough Sets and Current Trends in Computing. Berlin: Springer, 2004: 762 – 767.

[68] SUN J, WU X J, PALADE V, et al. Convergence analysis and improvements of quantum-behaved particle swarm optimization [J]. Information Sciences, 2012, 193: 81 – 103.

[69] LIN W T, LIAN Z G, GU X S, et al. A local and global search combined particle swarm optimization algorithm and its convergence analysis [J]. Mathematical Problems in Engineering, 2014 (1): 1 – 11.

[70] POLI R, KENNEDY J, BLACKWELL T. Particle swarm optimization [J]. Swarm Intelligence, 2007, 1 (1): 33 – 57.

[71] JORDEHI A R. Enhanced leader PSO (ELPSO): a new PSO variant for solving global optimisation problems [J]. Applied Soft Computing, 2015, 26: 401 – 417.

[72] BEHESHTI Z, SHAMSUDDIN S M H, BEHESHTI E, et al. Enhancement of artificial neural network learning using centripetal accelerated particle swarm optimization for

medical diseases diagnosis [J]. Soft Computing, 2013, 18 (11): 2253 - 2270.

[73] MARINAKIS Y, MARINAKI M, DOUNIAS G. A hybrid particle swarm optimization algorithm for the vehicle routing problem [J]. Engineering Applications of Artificial Intelligence, 2010, 23 (4): 463 - 472.

[74] DEL VALLE Y, VENAYAGAMOORTHY G K, MOHAGHEGHI S, et al. Particle swarm optimization: basic concepts, variants and applications in power systems [J]. IEEE Transactions on Evolutionary Computation, 2008, 12 (2): 171 - 195.

[75] JIN N, RAHMAT-SAMII Y. Particle swarm optimization for antenna designs in engineering electromagnetics [J]. Journal of Artificial Evolution and Applications, 2008, 2008: 1 - 10.

[76] KULKARNI R V, VENAYAGAMOORTHY G K. Particle swarm optimization in wireless-sensor networks: a brief survey [J]. IEEE Transactions on Systems, Man, and Cybernetics, Part C: Applications and Reviews, 2011, 41 (2): 262 - 267.

[77] NICKFARJAM A M, AZIMIFAR Z. Image steganography based on pixel ranking and Particle Swarm Optimization [C] //Proceedings of the 16th CSI International Symposium on Artificial Intelligence and Signal Processing. IEEE, 2012: 360 - 363.

[78] QUEEN A A, AUXILLIA D J. Simplified discrete binary PSO tuned multivariable PID controller for binary distillation column plant [C] //Proceedings of the 2013 International Conference on Circuits, Power and Computing Technologies. IEEE, 2013: 667 - 672.

[79] RAN M P, DUAN H B, GAO X G, et al. Improved particle swarm optimization approach to path planning of amphibious mouse robot [C] //Proceedings of the 6th IEEE Conference on Industrial Electronics and Applications. IEEE, 2011: 1146 - 1149.

[80] CHEN M Y. A hybrid ANFIS model for business failure prediction utilizing particle swarm optimization and subtractive clustering [J]. Information Sciences, 2013, 220: 180 - 195.

[81] CHANG P C, LIN J J, LIU C H. An attribute weight assignment and particle swarm optimization algorithm for medical database classifications [J]. Computer Methods and Programs in Biomedicine, 2012, 107 (3): 382 - 392.

[82] ZHU Z X, ZHOU J R, JI Z, et al. DNA sequence compression using adaptive particle swarm optimization-based memetic algorithm [J]. IEEE Transactions on Evolutionary Computation, 2011, 15 (5): 643 - 658.

[83] SCHAFFER J D. Multiple objective optimization with vector evaluated genetic algorithms [C] //Proceedings of the 1st international Conference on Genetic Algorithms. L.

Erlbaum Associates Inc. , 1985: 93 – 100.

[84] COELLO C A C. Evolutionary multi-objective optimization: a historical view of the field [J]. IEEE Computational Intelligence Magazine, 2006, 1 (1): 28 – 36.

[85] GOLDBERG D E. Genetic algorithms in search, optimization, and machine learning [M]. Massachusetts: Addison-Wesley Pub. Co. , 1989.

[86] FONSECA C M, FLEMING P J. Genetic algorithms for multiobjective optimization: formulation discussion and generalization [C] //Proceedings of the 5th International Conference on Genetic Algorithms. Morgan Kaufmann Publishers Inc. , 1993: 416 – 423.

[87] SRINIVAS N, DEB K. Muiltiobjective optimization using nondominated sorting in genetic algorithms [J]. Evolutionary Computation, 1994, 2 (3): 221 – 248.

[88] HORN J, NAFPLIOTIS N, GOLDBERG D E. A niched Pareto genetic algorithm for multiobjective optimization [C] //Proceedings of the 1994 IEEE World Congress on Computational Intelligence. IEEE, 1994: 82 – 87.

[89] ZITZLER E, THIELE L. Multiobjective evolutionary algorithms: a comparative case study and the strength Pareto approach [J]. IEEE Transactions on Evolutionary Computation, 1999, 3 (4): 257 – 271.

[90] ZITZLER E, LAUMANNS M, THIELE L. SPEA2: improving the strength Pareto evolutionary algorithm [C] //Proceedings of EUROGEN 2001 Evolutionary Methods for Design, Optimization and Control With Applications to Industrial Problems. Athens, Greece: 95 – 100.

[91] KNOWLES J D, CORNE D W. Approximating the nondominated front using the Pareto archived evolution strategy [J]. Evolutionary Computation, 2000, 8 (2): 149 – 172.

[92] CORNE D W, KNOWLES J D, OATES M J. The Pareto envelope-based selection algorithm for multiobjective optimization [C] //Parallel Problem Solving from Nature PPSN Ⅵ. Springer, 2000: 839 – 848.

[93] CORNE D W, JERRAM N R, KNOWLES J D, et al. PESA-Ⅱ: Region-based selection in evolutionary multiobjective optimization [A] //Proceedings of the 2001 Conference on Genetic and Evolutionary Computation. San Francisco, 2001: 283 – 290.

[94] DEB K, PRATAP A, AGARWAL S, et al. A fast and elitist multiobjective genetic algorithm: NSGA-Ⅱ [J]. IEEE Transactions on Evolutionary Computation, 2002, 6 (2): 182 – 197.

[95] ERICKSON M, MAYER A, HORN J. The niched Pareto genetic algorithm 2 applied to the design of groundwater remediation systems [M] //Evolutionary Multi-Criterion

Optimization. Berlin: Springer, 2001: 681 – 695.

[96] COELLO C A C, PULIDO G T, LECHUGA M S. Handling multiple objectives with particle swarm optimization [J]. IEEE Transactions on Evolutionary Computation, 2004, 8 (3): 256 – 279.

[97] RAQUEL C R, NAVAL JR P C. An effective use of crowding distance in multiobjective particle swarm optimization [C] //Proceedings of the 2005 Conference on Genetic and evolutionary computation. ACM, 2005: 257 – 264.

[98] SIERRA M R, COELLO C A C. Improving PSO-based multi-objective optimization using crowding, mutation and ε-dominance [C] //Proceedings of the 3rd International Conference Evolutionary Multi-Criterion Optimization, Lecture Notes in Computer Science. Guanajuato, Mexico: Springer, 2005: 505 – 519.

[99] NEBRO A J, DURILLO J J, GARCIA-NIETO J, et al. SMPSO: a new pso-based metaheuristic for multi-objective optimization [C] //Proceedings of the 2009 IEEE Symposium on Computational Intelligence in Multi-Criteria Decision-Making. IEEE, 2009: 66 – 73.

[100] CHAHARSOOGHI S K, MEIMAND K A H. An intelligent multi-colony multi-objective ant colony optimization (ACO) for the 0 – 1 knapsack problem [C] //Proceedings of the 2008 IEEE Congress on Evolutionary Computation. IEEE, 2008: 1195 – 1202.

[101] BANDYOPADHYAY S, SAHA S, MAULIK U, et al. A simulated annealing-based multiobjective optimization algorithm: AMOSA [J]. IEEE Transactions on Evolutionary Computation, 2008, 12 (3): 269 – 283.

[102] NEBRO A J, LUNA F, ALBA E, et al. AbYSS: adapting scatter search to multiobjective optimization [J]. IEEE Transactions on Evolutionary Computation, 2008, 12 (4): 439 – 457.

[103] ROBIČ T, FILIPIČ B. DEMO: differential evolution for multiobjective optimization [M] //Evolutionary Multi-Criterion Optimization. Berlin: Springer, 2005: 520 – 533.

[104] ZHANG Q F, ZHOU A M, JIN Y C. RM-MEDA: a regularity model-based multiobjective estimation of distribution algorithm [J]. IEEE Transactions on Evolutionary Computation, 2008, 12 (1): 41 – 63.

[105] ZHANG Q F, LI H. MOEA/D: A multiobjective evolutionary algorithm based on decomposition [J]. IEEE Transactions on Evolutionary Computation, 2007, 11 (6): 712 – 731.

[106] ZITZLER E, KÜNZLI S. Indicator-based selection in multiobjective search [M] //

Proceedings of the 8th Parallel Problem Solving Nature (PPSN), Lecture Notes in Computer Science. Berlin: Springer: 832 - 842.

[107] LAUMANNS M, THIELE L, DEB K, et al. Combining convergence and diversity in evolutionary multiobjective optimization [J]. Evolutionary Computation, 2002, 10 (3): 263 - 282.

[108] PARSOPOULOS K E, VRAHATIS M N. Particle swarm optimization method in multiobjective problems [C] //Proceedings of the 2002 ACM symposium on Applied computing. ACM, 2002: 603 - 607.

[109] HU X H, EBERHART R. Multiobjective optimization using dynamic neighborhood particle swarm optimization [C] //Proceedings of the 2002 IEEE Congress on Evolutionary Computation. IEEE, 2002: 1677 - 1681.

[110] CHOW C K, TSUI H T. Autonomous agent response learning by a multi-species particle swarm optimization [C] //Proceedings of the 2004 Congress on Evolutionary Computation. IEEE, 2004: 778 - 785.

[111] LI X D. A non-dominated sorting particle swarm optimizer for multiobjective optimization [C] //Proceedings of the Genetic and Evolutionary Computation Conference. Springer, 2003: 37 - 48.

[112] WANG Y J, YANG Y P. Particle swarm optimization with preference order ranking for multi-objective optimization [J]. Information Sciences, 2009, 179 (12): 1944 - 1959.

[113] TRIPATHI P K, BANDYOPADHYAY S, PAL S K. Multi-objective particle swarm optimization with time variant inertia and acceleration coefficients [J]. Information Sciences, 2007, 177 (22): 5033 - 5049.

[114] ZHAN Z H, LI J J, CAO J N, et al. Multiple populations for multiple objectives: a coevolutionary technique for solving multiobjective optimization problems [J]. IEEE Transactions on Cybernetics, 2013, 43 (2): 445 - 463.

[115] LIN Q Z, LI J Q, DU Z H, et al. A novel multi-objective particle swarm optimization with multiple search strategies [J]. European Journal of Operational Research, 2015, 247 (3): 732 - 744.

[116] ELHOSSINI A, AREIBI S, DONY R. Strength Pareto particle swarm optimization and hybrid EA-PSO for multi-objective optimization [J]. Evolutionary Computation, 2010, 18 (1): 127 - 156.

[117] GONG D W, ZHANG Y, QI C L. Environmental/Economic power dispatch using a hybrid multi-objective optimization algorithm [J]. International Journal of Electrical

Power & Energy Systems, 2010, 32 (6): 607 – 614.

[118] XIN B, CHEN J, ZHANG J, et al. Hybridizing differential evolution and particle swarm optimization to design powerful optimizers: a review and taxonomy [J]. IEEE Transactions on Systems, Man, and Cybernetics, Part C: Applications and Reviews, 2012, 42 (5): 744 – 767.

[119] QASEM S N, SHAMSUDDIN S M, HASHIM S Z M, et al. Memetic multiobjective particle swarm optimization-based radial basis function network for classification problems [J]. Information Sciences, 2013, 239: 165 – 190.

[120] MOSTAGHIM S, TEICH J. Strategies for finding good local guides in multi-objective particle swarm optimization (MOPSO) [C] //Proceedings of the 2003 IEEE Congress on Swarm Intelligence Symposium. IEEE, 2003: 26 – 33.

[121] SUN T Y, WU W C, TSAI S J, et al. Particle swarm optimizer for multi-objective problems based on proportional distribution and cross-over operation [C] //Proceedings of the 2008 IEEE International Conference on Systems, Man and Cybernetics. IEEE, 2008: 2658 – 2663.

[122] LIU Y M, NIU B, SUI C L, et al. Improved MOPSO Based on ε-domination [C] // Proceedings of the 8th international conference on intelligent computing. Springer: 173 – 180.

[123] MAN K F, CHAN T M, TANG K S, et al. Jumping-genes in evolutionary computing [C] //Proceedings of the 30th Annual Conference of IEEE Industrial Electronics Society. IEEE, 2004: 1268 – 1272.

[124] WANG Y J, XUE Y F, ZHANG L P. A hybrid PSO algorithm with transposon for multiobjective optimization [M]. Advanced Intelligent Computing Theories and Applications: Springer, 2010: 76 – 84.

[125] TUŠAR T, FILIPIČ B. Differential evolution versus genetic algorithms in multiobjective optimization [M] //Evolutionary Multi-Criterion Optimization. Berlin: Springer, 2007: 257 – 271.

[126] WICKRAMASINGHE U, LI X D. Choosing leaders for multi-objective PSO algorithms using differential evolution [M] //Simulated Evolution and Learning. Berlin: Springer, 2008: 249 – 258.

[127] CABRERA J C F, COELLO C A C. Micro-MOPSO: a multi-objective particle swarm optimizer that uses a very small population size [M] //Multi-Objective Swarm Intelligent Systems.. Berlin: Springer, 2010: 83 – 104.

[128] CHAKRABORTY P, DAS S, ROY G G, et al. On convergence of the multi-objective

particle swarm optimizers [J]. Information Sciences, 2011, 181 (8): 1411 – 1425.

[129] LALWANI S, SINGHAL S, KUMAR R, et al. A comprehensive survey: applications of multi-objective particle swarm optimization (MOPSO) algorithm [J]. Transactions on Combinatorics, 2013, 2 (1): 39 – 101.

[130] FEDOROFF N, BOTSTEIN D. The dynamic genome: Barbara McClintock's ideas in the century of genetics [M]. New York: Cold Spring Harbor Laboratory Press, 1992.

[131] CHAN T M, MAN K F, KWONG S, et al. A jumping gene paradigm for evolutionary multiobjective optimization [J]. IEEE Transactions on Evolutionary Computation, 2008, 12 (2): 143 – 159.

[132] TANG K S, YIN R J, KWONG S, et al. A theoretical development and analysis of jumping gene genetic algorithm [J]. IEEE Transactions on Industrial Informatics, 2011, 7 (3): 408 – 418.

[133] MA H M, NG K T, MAN K F. Multiobjective coordinated power voltage control using jumping genes paradigm [J]. IEEE Transactions on Industrial Electronics, 2008, 55 (11): 4075 – 4084.

[134] CHAN T M, MAN K F, TANG K S, et al. A jumping-genes paradigm for optimizing factory WLAN network [J]. IEEE Transactions on Industrial Informatics, 2007, 3 (1): 33 – 43.

[135] ZHENG S Y, YEUNG S H, CHAN W S, et al. Design of broadband hybrid coupler with tight coupling using jumping gene evolutionary algorithm [J]. IEEE Transactions on Industrial Electronics, 2009, 56 (8): 2987 – 2991.

[136] TANG W K S, YEUNG C S H, MAN K F. A jumping gene evolutionary approach for multiobjective optimization [M] //KOCAREV L. ICT Innovations 2011. Berlin: Springer, 2012: 1 – 14.

[137] LI K, KWONG S, WANG R, et al. Learning paradigm based on jumping genes: a general framework for enhancing exploration in evolutionary multiobjective optimization [J]. Information Sciences, 2013, 226: 1 – 22.

[138] 魏玉霞. 差分进化算法的改进及其应用 [D]. 广州：华南理工大学，2013.

[139] CLERC M. The swarm and the queen: towards a deterministic and adaptive particle swarm optimization [C] //Proceedings of the 1999 IEEE Congress on Evolutionary Computation. Washington, USA: IEEE: 1951 – 1957.

[140] ZHAN Z H, ZHANG J, LI Y, et al. Adaptive particle swarm optimization [J]. IEEE Transactions on Systems, Man, and Cybernetics, Part B: Cybernetics, 2009, 39 (6): 1362 – 1381.

[141] XIE J, ZHOU Y Q, CHEN H. A novel bat algorithm based on differential operator and Lévy flights trajectory [J]. Computational Intelligence and Neuroscience, 2013: 1 –13.

[142] 封跃鹏. 稳健统计技术及其在实验室能力验证数据处理中的应用 [J]. 化学分析计量, 2007, 16 (2): 55 –57.

[143] SUN J, FANG W, WU X J, et al. Quantum-behaved particle swarm optimization: analysis of individual particle behavior and parameter selection [J]. Evolutionary Computation, 2012, 20 (3): 349 –393.

[144] XI M L, SUN J, XU W B. An improved quantum-behaved particle swarm optimization algorithm with weighted mean best position [J]. Applied Mathematics and Computation, 2008, 205 (2): 751 –759.

[145] TANG D Y, DONG S B, CAI X F, et al. A two-stage quantum-behaved particle swarm optimization with skipping search rule and weight to solve continuous optimization problem [J]. Neural Computing and Applications, 2015: 1 –12.

[146] YANG Z L, SHI K Q, WU A, et al. A hybird self-learning method based on particle swarm optimization and salp swarm algorithm [C] //2019 Tenth International Conference on Intelligent Control and Information Processing (ICICIP). Marrakesh, Morocco: IEEE, 2019: 334 –338.

[147] WANG Y, LI B, WEISE T, et al. Self-adaptive learning based particle swarm optimization [J]. Information Sciences, 2011, 181 (20): 4515 –4538.

[148] ZHANG T, HU T S, GUO X N, et al. Solving high dimensional bilevel multiobjective programming problem using a hybrid particle swarm optimization algorithm with crossover operator [J]. Knowledge-Based Systems, 2013, 53: 13 –19.

[149] CHEN Y G, LI L X, XIAO J H, et al. Particle swarm optimizer with crossover operation [J]. Engineering Applications of Artificial Intelligence, 2018, 70: 159 –169.

[150] MOLAEI S, MOAZEN H, NAJJAR-GHABEL S, et al. Particle swarm optimization with an enhanced learning strategy and crossover operator [J]. Knowledge-Based Systems, 2021, 215: 106768.

[151] FRIEDMAN M. A comparison of alternative tests of significance for the problem of m rankings [J]. The Annals of Mathematical Statistics, 1940, 11 (1): 86 –92.

[152] GALE D, SHAPLEY L S. College admissions and the stability of marriage [J]. The American Mathematical Monthly, 1962, 69 (1): 9 –15.

[153] YANG Z L, WU A, MIN H Q. An improved quantum-behaved particle swarm optimization algorithm with elitist breeding for unconstrained optimization [J].

Computational Intelligence and Neuroscience, 2015: 1 – 13.
[154] GRANVILLE S. Optimal reactive dispatch through interior point methods [J]. IEEE Transactions on Power Systems, 1994, 9 (1): 136 – 146.
[155] LIANG Z X, GLOVER J D. A zoom feature for a dynamic programming solution to economic dispatch including transmission losses [J]. IEEE Transactions on Power Systems, 1992, 7 (2): 544 – 550.
[156] CHIANG C L. Improved genetic algorithm for power economic dispatch of units with valve-point effects and multiple fuels [J]. IEEE Transactions on Power Systems, 2005, 20 (4): 1690 – 1699.
[157] HEMAMALINI S, SIMON S P. Dynamic economic dispatch using artificial immune system for units with valve-point effect [J]. International Journal of Electrical Power & Energy Systems, 2011, 33 (4): 868 – 874.
[158] PANIGRAHI B K, PANDI V R, DAS S. Adaptive particle swarm optimization approach for static and dynamic economic load dispatch [J]. Energy Conversion and Management, 2008, 49 (6): 1407 – 1415.
[159] DOS SANTOS COELHO L, MARIANI V C. Combining of chaotic differential evolution and quadratic programming for economic dispatch optimization with valve-point effect [J]. IEEE Transactions on Power Systems, 2006, 21 (2): 989 – 996.
[160] GÜVENÇ U, SÖNMEZ Y, DUMAN S, et al. Combined economic and emission dispatch solution using gravitational search algorithm [J]. Scientia Iranica, 2012, 19 (6): 1754 – 1762.
[161] LIN W M, CHENG F S, TSAY M T. An improved tabu search for economic dispatch with multiple minima [J]. IEEE Transactions on Power Systems, 2002, 17 (1): 108 – 112.
[162] PARK J H, KIM Y S, EOM I K, et al. Economic load dispatch for piecewise quadratic cost function using Hopfield neural network [J]. IEEE Transactions on Power Systems, 1993, 8 (3): 1030 – 1038.
[163] SINHA N, CHAKRABARTI R, CHATTOPADHYAY P K. Evolutionary programming techniques for economic load dispatch [J]. IEEE Transactions on Evolutionary Computation, 2003, 7 (1): 83 – 94.
[164] PANIGRAHI B K, PANDI V R. Bacterial foraging optimisation: Nelder-Mead hybrid algorithm for economic load dispatch [J]. IET generation, transmission & distribution, 2008, 2 (4): 556 – 565.
[165] BHATTACHARYA A, CHATTOPADHYAY P K. Biogeography-based optimization for

different economic load dispatch problems [J]. IEEE Transactions on Power Systems, 2010, 25 (2): 1064 - 1077.

[166] SUN J, FANG W, WANG D J, et al. Solving the economic dispatch problem with a modified quantum-behaved particle swarm optimization method [J]. Energy Conversion and Management, 2009, 50 (12): 2967 - 2975.

[167] MORADI-DALVAND M, MOHAMMADI-IVATLOO B, NAJAFI A, et al. Continuous quick group search optimizer for solving non-convex economic dispatch problems [J]. Electric Power Systems Research, 2012, 93: 93 - 105.

[168] WANG Y, LI B, JING G M, et al. Research of constraint handling techniques for Economic Load Dispatch of power system [C] //Proceedings of the 2010 IEEE Congress on Evolutionary Computation. IEEE, 2010: 1 - 8.

[169] PARK J B, JEONG Y W, SHIN J R, et al. An improved particle swarm optimization for nonconvex economic dispatch problems [J]. IEEE Transactions on Power Systems, 2010, 25 (1): 156 - 166.

[170] ABDULLAH M N, BAKAR A H A, MOKHLIS H, et al. An efficient constraint handling approach for economic load dispatch problem with non-smooth cost function [J]. Applied Mechanics and Materials, 2015, 785: 490 - 494.

[171] ZHANG Y, GONG D W, GENG N, et al. Hybrid bare-bones PSO for dynamic economic dispatch with valve-point effects [J]. Applied Soft Computing, 2014, 18: 248 - 260.

[172] NARESH R, DUBEY J, SHARMA J. Two-phase neural network based modelling framework of constrained economic load dispatch [J]. IEE Proceedings-Generation, Transmission and Distribution, 2004, 151 (3): 373 - 378.

[173] CAI J J, MA X Q, LI L X, et al. Chaotic particle swarm optimization for economic dispatch considering the generator constraints [J]. Energy Conversion and Management, 2007, 48 (2): 645 - 653.

[174] ARAGÓN V S, ESQUIVEL S C, COELLO C A C. An immune algorithm with power redistribution for solving economic dispatch problems [J]. Information Sciences, 2015, 295: 609 - 632.

[175] GAING Z L. Particle swarm optimization to solving the economic dispatch considering the generator constraints [J]. IEEE Transactions on Power Systems, 2003, 18 (3): 1187 - 1195.

[176] KUO C C. A novel coding scheme for practical economic dispatch by modified particle swarm approach [J]. IEEE Transactions on Power Systems, 2008, 23 (4):

1825 –1835.
[177] SAFARI A, SHAYEGHI H. Iteration particle swarm optimization procedure for economic load dispatch with generator constraints [J]. Expert Systems with Applications, 2011, 38 (5): 6043 –6048.
[178] KHAMSAWANG S, JIRIWIBHAKORN S. DSPSO-TSA for economic dispatch problem with nonsmooth and noncontinuous cost functions [J]. Energy Conversion and Management, 2010, 51 (2): 365 –375.
[179] POTHIYA S, NGAMROO I, KONGPRAWECHNON W. Application of multiple tabu search algorithm to solve dynamic economic dispatch considering generator constraints [J]. Energy Conversion and Management, 2008, 49 (4): 506 –516.
[180] NIKNAM T, MOJARRAD H D, MEYMAND H Z. Non-smooth economic dispatch computation by fuzzy and self adaptive particle swarm optimization [J]. Applied Soft Computing, 2011, 11 (2): 2805 –2817.
[181] ÖZYÖN S, AYDIN D. Incremental artificial bee colony with local search to economic dispatch problem with ramp rate limits and prohibited operating zones [J]. Energy Conversion and Management, 2013, 65: 397 –407.
[182] COELHO L D S, BORA T C, MARIANI V C. Differential evolution based on truncated Levy-type flights and population diversity measure to solve economic load dispatch problems [J]. International Journal of Electrical Power & Energy Systems, 2014, 57: 178 –188.
[183] BASU M. Improved differential evolution for economic dispatch [J]. International Journal of Electrical Power & Energy Systems, 2014, 63: 855 –861.
[184] ABIDO M A. Multiobjective particle swarm optimization with nondominated local and global sets [J]. Natural Computing, 2010, 9 (3): 747 –766.
[185] ABRAHAM A, GUO H, LIU H B. Swarm intelligence: foundations, perspectives and applications [M] //NEDJAH N, MOURELLE L D M. Swarm Intelligent Systems. Berlin: Springer, 2006: 3 –25.
[186] ZITZLER E, DEB K, THIELE L. Comparison of multiobjective evolutionary algorithms: empirical results [J]. Evolutionary Computation, 2000, 8 (2): 173 –195.
[187] DEB K, THIELE L, LAUMANNS M, et al. Scalable test problems for evolutionary multiobjective optimization [M]. London: Springer, 2005.
[188] YEN G G, HE Z N. Performance metric ensemble for multiobjective evolutionary algorithms [J]. IEEE Transactions on Evolutionary Computation, 2014, 18 (1): 131 –144.

[189] SCHOTT J R. Fault tolerant design using single and multicriteria genetic algorithm optimization [D]. Cambridge: Massachusetts Institute of Technology, 1995.

[190] XU Y T, CHEN H L, LUO J, et al. Enhanced Moth-flame optimizer with mutation strategy for global optimization [J]. Information Sciences, 2019, 492: 181 - 203.

[191] PELUSI D, MASCELLA R, TALLINI L, et al. An improved moth-flame optimization algorithm with hybrid search phase [J]. Knowledge-Based Systems, 2020, 191: 105277.

[192] ALI G M, KAZEMPOUR R, CHAU K W, et al. Forecasting pan evaporation with an integrated artificial neural network quantum-behaved particle swarm optimization model: a case study in Talesh, Northern Iran [J]. Engineering Applications of Computational Fluid Mechanics, 2018, 12 (1): 724 - 737.

[193] MIRJALILI S. How effective is the Grey Wolf optimizer in training multi-layer perceptrons [J]. Applied Intelligence, 2015, 43 (1): 150 - 161.

[194] GUPTA S, DEEP K, MIRJALILI S, et al. A modified sine cosine algorithm with novel transition parameter and mutation operator for global optimization [J]. Expert Systems with Applications, 2020, 154: 113395.

[195] MOUSAVIRAD S J, SCHAEFER G, KOROVIN I, et al. RDE-OP: a region-based differential evolution algorithm incorporation opposition-based learning for optimising the learning process of multi-layer neural networks [C] //International Conference on the Applications of Evolutionary Computation (Part of EvoStar). Springer, 2021: 407 - 420.

[196] MIRJALILI S. Moth-flame optimization algorithm: a novel nature-inspired heuristic paradigm [J]. Knowledge-Based Systems, 2015, 89: 228 - 249.

[197] WILCOXON F. Individual comparisons by ranking methods [J]. Biometrics Bulletin: International Biometric Society, Wiley, US, 1945, 1 (6): 80 - 83.

[198] BHANDARI A K, SINGH V K, KUMAR A, et al. Cuckoo search algorithm and wind driven optimization based study of satellite image segmentation for multilevel thresholding using Kapur's entropy [J]. Expert Systems with Applications, 2014, 41 (7): 3538 - 3560.

[199] JIANG Y Z, TSAI P H, YEH W C, et al. A honey-bee-mating based algorithm for multilevel image segmentation using Bayesian theorem [J]. Applied Soft Computing, 2017, 52: 1181 - 1190.

[200] WOLPERT D H, MACREADY W G. No free lunch theorems for optimization [J]. IEEE transactions on evolutionary computation, 1997, 1 (1): 67 - 82.

[201] YUEN S Y, CHOW C K. A genetic algorithm that adaptively mutates and never revisits

[J]. IEEE transactions on evolutionary computation, 2009, 13 (2): 454 - 472.

[202] LOU Y, YUEN S Y. Non-revisiting genetic algorithm with adaptive mutation using constant memory [J]. Memetic Computing, 2016, 8 (3): 189 - 210.

[203] YUEN S Y, CHOW C K. A non-revisiting simulated annealing algorithm [C] // Proceedings of 2008 IEEE Congress on Evolutionary Computation. IEEE, 2008: 1886 - 1892.

[204] CHOW C K, YUEN S Y. A non-revisiting particle swarm optimization [C] // Proceedings of 2008 IEEE Congress on Evolutionary Computation. IEEE, 2008: 1879 - 1885.

[205] HERNANDEZ G, WILDER K, NINO F, et al. Towards a self-stopping evolutionary algorithm using coupling from the past [C] //Proceedings of the 7th annual conference on Genetic and evolutionary computation. ACM, 2005: 615 - 620.

[206] ZIELINSKI K, LAUR R. Stopping criteria for a constrained single-objective particle swarm optimization algorithm [J]. Informatica, 2007, 31 (1): 51 - 59.

[207] WESSING S, PREUSS M, TRAUTMANN H. Stopping criteria for multimodal optimization [C] //Parallel Problem Solving from Nature-PPSN XIII: 13th International conference, Ljubljana, slovenia, september 13 - 17, 2014. Proceedings 13. Springer International Publishing, 2014: 141 - 150.

[208] MARTÍ L, GARCÍA J, BERLANGA A, et al. A stopping criterion for multi-objective optimization evolutionary algorithms [J]. Information Sciences, 2016, 367: 700 - 718.

[209] GAO H, XU W B, SUN J, et al. Multilevel thresholding for image segmentation through an improved quantum-behaved particle swarm algorithm [J]. IEEE Transactions on Instrumentation and Measurement, 2010, 59 (4): 934 - 946.

[210] OLDEWAGE E T, ENGELBRECHT A P, CLEGHORN C W. The Importance of Component-Wise Stochasticity in Particle Swarm Optimization [C] //Proceedings of 2018 International Conference on Swarm Intelligence. Springer, 2018: 264 - 276.

[211] YU H B, TAN Y, ZENG J C, et al. Surrogate-assisted hierarchical particle swarm optimization [J]. Information Sciences, 2018, 454: 59 - 72.

[212] MLAKAR U, POTOČNIK B, BREST J. A hybrid differential evolution for optimal multilevel image thresholding [J]. Expert Systems with Applications, 2016, 65: 221 - 232.

[213] EL AZIZ M A, EWEES A A, HASSANIEN A E. Whale optimization algorithm and moth-flame optimization for multilevel thresholding image segmentation [J]. Expert Systems with Applications, 2017, 83: 242 - 256.

[214] BHANDARI A K, KUMAR A, SINGH G K. Modified artificial bee colony based computationally efficient multilevel thresholding for satellite image segmentation using Kapur's, Otsu and Tsallis functions [J]. Expert Systems with Applications, 2015, 42 (3): 1573 - 1601.

[215] KHAIRUZZAMAN A K M, CHAUDHURY S. Multilevel thresholding using grey wolf optimizer for image segmentation [J]. Expert Systems with Applications, 2017, 86: 64 - 76.

[216] MIRJALILI S, SAREMI S, MIRJALILI S M, et al. Multi-objective grey wolf optimizer: a novel algorithm for multi-criterion optimization [J]. Expert Systems with Applications, 2016, 47: 106 - 119.

[217] YILDIZ B S, YILDIZ A R. Comparison of grey wolf, whale, water cycle, ant lion and sine-cosine algorithms for the optimization of a vehicle engine connecting rod [J]. Materials Testing, 2018, 60 (3): 311 - 315.

[218] YILDIZ B S, YILDIZ A R. Moth-flame optimization algorithm to determine optimal machining parameters in manufacturing processes [J]. Materials Testing, 2017, 59 (5): 425 - 429.

[219] MIRJALILI S, MIRJALILI S M, LEWIS A. Grey wolf optimizer [J]. Advances in Engineering Software, 2014, 69: 46 - 61.

[220] ARORA S, ACHARYA J, VERMA A, et al. Multilevel thresholding for image segmentation through a fast statistical recursive algorithm [J]. Pattern Recognition Letters, 2008, 29 (2): 119 - 125.

[221] MIRJALILI S, GANDOMI A H, MIRJALILI S Z, et al. Salp swarm algorithm: a bio-inspired optimizer for engineering design problems [J]. Advances in Engineering Software, 2017, 114: 163 - 191.

[222] YANG Z L, WU A, LIAO H H, et al. An elitist promotion quantum-behaved particle swarm optimization algorithm [C] //2016 8th International Conference on Intelligent Human-Machine Systems and Cybernetics (IHMSC). Hangzhou, China: IEEE, 2016: 347 - 350.

[223] GARG H. A hybrid PSO-GA algorithm for constrained optimization problems [J]. Applied Mathematics and Computation, 2016, 274: 292 - 305.

[224] IBRAHIM R A, EWEES A A, OLIVA D, et al. Improved salp swarm algorithm based on particle swarm optimization for feature selection [J]. Journal of Ambient Intelligence and Humanized Computing, 2018, 10 (8): 1 - 15.

[225] LI S, YU Y, SUGIYAMA D, et al., editors. A hybrid salp swarm algorithm with

gravitational search mechanism [C] //2018 5th IEEE International Conference on Cloud Computing and Intelligence Systems (CCIS). IEEE, 2018: 257 - 261.

[226] MIRJALILI S, HASHIM S Z M. A new hybrid PSOGSA algorithm for function optimization [C] //2010 international conference on computer and information application. IEEE, 2010: 374 - 377.

[227] SAYAH S, HAMOUDA A. A hybrid differential evolution algorithm based on particle swarm optimization for nonconvex economic dispatch problems [J]. Applied Soft Computing, 2013, 13 (4): 1608 - 1619.

[228] PU H, SONG T R, SCHONFELD P, et al. Mountain railway alignment optimization using stepwise & hybrid particle swarm optimization incorporating genetic operators [J]. Applied Soft Computing, 2019, 78: 41 - 57.

[229] QIN A K, HUANG V L, SUGANTHAN P N. Differential evolution algorithm with strategy adaptation for global numerical optimization [J]. IEEE transactions on Evolutionary Computation, 2008, 13 (2): 398 - 417.

[230] LYNN N, SUGANTHAN P N. Ensemble particle swarm optimizer [J]. Applied Soft Computing, 2017, 55: 533 - 548.

[231] CHENG J T, WANG L, XIONG Y. Ensemble of cuckoo search variants [J]. Computers & Industrial Engineering, 2019, 135: 299 - 313.

[232] VRUGT J A, ROBINSON B A, HYMAN J M. Self-adaptive multimethod search for global optimization in real-parameter spaces [J]. IEEE Transactions on Evolutionary Computation, 2008, 13 (2): 243 - 259.

[233] GAO S Z, GAO Y, ZHANG Y M, et al. Adaptive cuckoo algorithm with multiple search strategies [J]. Applied Soft Computing, 2021, 106: 107181.

后　　记

群体智能（swarm intelligence）是近年来得到快速发展的一类算法，通过模仿自然界中的群体生物的行为，群体智能算法对于很多最优化问题都具有较好的求解效果。作为群体智能代表算法的粒子群算法由于原理和结构简单、实现容易、求解速度快等特点，在被提出之后得到了广泛的关注，也出现了大量的研究成果，直到现在粒子群算法仍然是众多学者的热点研究对象。

本书内容的主线是对粒子群算法运行过程中有价值的信息的自学习，而具体研究内容主要是围绕着粒子群算法的设计和优化以及在实际工程实践问题中的应用展开。目前除了粒子群优化算法之外，涌现了许多其他群体智能算法，包括灰狼优化、麻雀搜索、哈里斯鹰优化、鲸鱼优化等。这些算法的区别主要体现在种群的拓扑和搜索策略上，实质上，本书给出的自学习方法框架，如果能将这些算法的特色都融合进来，结合目前流行的机器学习思想，可以设计成一套具有较强实用性的、面向多种类型问题的优化工具。这也是我们下一步的主要研究方向。